彩插 1　枯萎病发病症状

彩插 2　茎点枯病发病症状

1

芝麻叶斑病病叶　　　　　　　　　　　芝麻叶斑病低温型蛇眼状病斑

彩插 3　叶斑病发病症状

彩插 4　立枯病发病症状　　　　　　彩插 5　青枯病危害症状

芝麻疫病病叶

彩插6 疫病发病症状

彩插7 芝麻疫病（来源于《中国农作物病虫图谱》）

1、2.病叶症状；3.顶梢症状；4.病茎；5.病原菌；6.分生孢子发芽；7.产生游动孢子

彩插8 白粉病发病症状

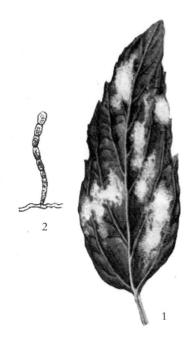

彩插9 芝麻白粉病（来源于《中
国农作物病虫图谱》）

1.叶片症状；2.病菌分生孢子和分生孢子梗

彩插10 芝麻白绢病（来源于
《中国农作物病虫图谱》）

1.根部症状；2.病菌担子及担孢子

彩插11 花叶病毒病发病症状

彩插 12　黄花叶病发病症状

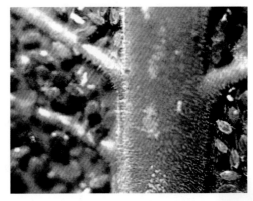

彩插 13　变叶病发病症状　　　　　　　彩插 14　蚜虫危害症状

彩插 15　盲椿象危害症状　　　　　　　彩插 16　棉铃虫危害症状

彩插 17　蟋蟀形态特征与危害症状

彩插 18　白粉虱危害症状

彩插 19　斜纹夜蛾形态特征

彩插 20　甜菜夜蛾形态特征与危害症状

5

彩插 21　芝麻天蛾形态特征与危害症状

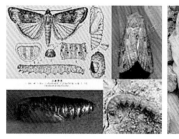

彩插 22　小地老虎形态特征与危害症状

彩插 23　大地老虎成虫形态特征

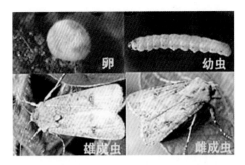

彩插 24　黄地老虎形态特征

彩插 25　沟金针虫幼虫形态特征

彩插 26　细胸金针虫幼虫、成虫形态特征

彩插 27　华北蝼蛄形态特征

彩插 28　东方蝼蛄形态特征

彩插 29　蛴螬形态特征

彩插 30 马唐形态特征

彩插 31 马齿苋形态特征

彩插 32 反枝苋形态特征

彩插 33 牛筋草形态特征

彩插34　狗尾草形态特征

彩插35　香附子形态特征

彩插36　刺苋形态特征

一本书明白

芝麻绿色高效生产技术

YIBENSHU

MINGBAI

ZHIMA

LVSEGAOXIAO

SHENGCHANJISHU

卫双玲　主编

"十三五"国家重点
图书出版规划

新型职业农民书架·
种能出彩系列

山东科学技术出版社　山西科学技术出版社　中原农民出版社
江西科学技术出版社　安徽科学技术出版社　河北科学技术出版社
陕西科学技术出版社　湖北科学技术出版社　湖南科学技术出版社
中原农民出版社　　　　　　　　　　　　　联合出版

图书在版编目（CIP）数据

一本书明白芝麻绿色高效生产技术／卫双玲主编.—郑州：
中原农民出版社,2017.12
（新型职业农民书架. 种能出彩系列）
ISBN 978－7－5542－1820－4

Ⅰ.①—… Ⅱ.①卫… Ⅲ.①芝麻－高产栽培－栽培技术
Ⅳ.①S565.3

中国版本图书馆 CIP 数据核字（2017）第 331778 号

出版社：中原农民出版社　　　　　　官网：www.zynm.com
地址：郑州市经五路 66 号　　　　　邮政编码：450002
办公电话：0371－65751257　　　　　购书电话：0371－65724566

编辑部投稿信箱:djj65388962@163.com　895838186@qq.com
策划编辑联系电话:13937196613　　　0371－65788676
交流 QQ:895838186

发行单位：全国新华书店
承印单位：河南安泰彩印有限公司

开本：787mm×1092mm　　　　　　1/16
印张：9
字数：200 千字　　　　　　　　　　插页:8
版次：2019 年 1 月第 1 版　　　　　印次：2019 年 1 月第 1 次印刷

书号：ISBN 978－7－5542－1820－4　　定价：39.00 元
　　本书如有印装质量问题,由承印厂负责调换

本书作者

主　　编　卫双玲

副 主 编　高桐梅　吴　寅　李茜茜

编写人员　李　丰　张仙美　魏利斌　栾晓刚

目 录

第一章

芝麻栽培技术

本章导读：从品种选择、播种技术、施肥技术和灌溉技术等方面深入叙述了芝麻绿色高效生产技术，最后详细介绍了我国芝麻机械种植现状及面临的新形势、发展趋势，列举了两种芝麻生产机械化技术体系，以期让读者全面掌握当前我国芝麻绿色高效规模化生产技术。

绿色农产品是指遵循可持续发展原则,按照特定生产方式生产,经专门机构认证、许可使用绿色食品标志的无污染的安全、优质、营养类农产品。无污染、安全、优质、营养是绿色农产品的特征。无污染是指在芝麻及其制品绿色生产过程中,通过严密监测、控制,防范农药残留、放射性物质、重金属、有害细菌等的污染,以确保绿色芝麻及其制品的洁净。

　　农业部绿色食品标志的绿色芝麻产地环境质量必须符合《绿色食品产地环境技术条件》(NY/T391-2013)的要求,空气、水体和土壤环境应符合生产绿色食品芝麻的要求,严格限制化学物质的使用,高毒、剧毒或代谢物高毒以及可能致癌、致畸的农药都在禁用之列,产品必须符合《绿色食品芝麻及其制品》(NY/T1509-2007)的要求。

第一节
芝麻品种选择

一、豫芝 11 号

　　1. 选育单位及品种来源　豫芝 11 号是河南省农业科学院芝麻研究中心 1991 年从多元病圃的对照品种豫芝 4 号中发现的天然优良变异单株,经连续系统选择和试验育成,1999 年通过河南省农作物品种审定委员会审定命名,2002 年通过国家农作物品种审定委员会审定。

　　2. 特征特性　该品种属单杆型,株高一般 160 厘米左右,丰产条件下达 180 厘米以上。茎杆弹性好,不倒伏,叶色深绿,花冠白红色,基部微红。叶腋三蒴,单株成蒴数 87~100 个,蒴果四棱,蒴长中等,蒴粒数 60 粒左右,种子呈卵圆形,种皮纯白,千粒重 3.0 克左右,种子含油量 56.66% 左右。豫芝 11 号生育期 86~92 天。高抗叶斑病、枯萎病和茎点枯病,耐渍、耐旱。

　　3. 适宜地区　适宜种植范围为河南、湖北、安徽、河北等省春、夏播芝麻主产区。

二、郑杂芝 H03

　　1. 选育单位及品种来源　郑杂芝 H03 是河南省农业科学院芝麻研究中心利用雄性不育系制种的第二个芝麻杂交种,该组合亲本是"91ms2108×92D028"。母本 91ms2108 为改良型雄性核不育系,父本 92D028 通过系谱法选育而成。于 2001 年通过河南省农作物品种审定委员会审定,2002 年通过国家农作物品种审定委员会审定。

2. 特征特性　该品种属单杆型,植株高大,一般株高 170～200 厘米,叶片浓绿,一叶三花,花冠白色,蒴果四棱。单株蒴数 75 个左右,蒴粒数 70 粒左右,籽粒白色,千粒重 3.2 克左右,种子含油量 58.58%,粗蛋白质含量为 18.62%,适合外贸出口,茎点枯病病情指数为 1.80,枯萎病病情指数为 1.30。郑杂芝 H03 生育期 93 天左右,属中熟品种,该品种苗期生长健壮,发育速度快,花期集中,籽粒灌浆速度快。表现高产、稳产、抗病。

3. 适宜地区　适宜种植范围为河南、湖北、安徽、河北等省春、夏播芝麻主产区。

三、郑芝 97C01

1. 选育单位及品种来源　郑芝 97C01 是河南省农业科学院芝麻研究中心 1984 年用 7801(母本)和 124(父本)有性杂交、辐射诱变选育而成的新品种,2001 年通过河南省农作物品种审定委员会审定。2002 年通过国家农作物品种审定委员会审定。

2. 特征特性　该品种属单杆型,植株茎杆粗壮,株高 165 厘米左右,丰产条件下可达 200 厘米。中下部叶片较大,叶色浓绿,叶腋三花,花粉红色。蒴果四棱。种子长卵形,种皮白色,千粒重可达 3.481 克,含油率 56.1%,蛋白质含量 19.72%,且籽粒纯白,纹路较细,符合外贸出口标准。抗性较强、耐低温,茎点枯病病情指数为 2.16,枯萎病病情指数为 1.63,属高抗品种,稳产性和丰产性较好。郑芝 97C01 生育期一般夏播 87～90 天,春播 95～102 天,属中熟品种。

3. 适宜地区　在河南省夏播、春播皆宜。种植地区适应性广,适宜在河南、安徽、湖北等省区种植。

四、郑芝 98N09

1. 选育单位及品种来源　郑芝 98N09 是河南省农业科学院芝麻研究中心利用杂交育种与诱变育种相结合的方法,经多年系谱选择而成的优质高蛋白食用型芝麻新品种,2004 年通过国家农作物品种鉴定委员会鉴定。

2. 特征特性　该品种属单杆型,植株高大,茎杆粗壮,一般株高 150～180 厘米,高产条件下可达 2 米以上,果轴长度 102.28 厘米;叶腋三花,花白色,基部微红;蒴果四棱,单株成蒴数 78 个,高产条件下可达 150 个以上;籽粒纯白,籽大皮薄,千粒重 3 克左右,粗脂肪含量 54.83%,粗蛋白质含量 24.00%,适宜外贸出口;茎点枯病病情指数为 8.70,枯萎病病情指数为 3.50,抗旱耐渍害性强。郑芝 98N09 全生育期 86 天,属中早熟品种。

3. 适宜地区　适应黄淮、江淮流域生态环境,适合在我国芝麻主产区河南、安徽、湖北、江西、河北、山西、陕西及新疆等地推广种植。

五、郑杂芝 3 号

1. **选育单位及品种来源**　郑杂芝 3 号是河南省农业科学院芝麻研究中心通过群体改良选育的优质、高产、多抗强优势芝麻杂交种。2004～2006 年参加河南省芝麻区域试验及生产试验,2007 年通过河南省农作物品种审定委员会鉴定,属优质、高产、高抗芝麻杂交种。

2. **特征特性**　该品种属单杆型,植株高大,茎杆粗壮,韧性较好,株型紧凑,一般株高162～175 厘米。叶腋三花,蒴果四棱、花期 35～45 天;成熟时微裂;籽粒纯白,千粒重 2.8～3.0 克,脂肪含量 56.04%,蛋白质含量 20.77%,香味浓厚,感官品质较好。茎点枯病病情指数为 2.69,枯萎病病情指数为 3.32,抗旱耐渍害性强。郑杂芝 3 号全生育期 87 天,属中早熟品种。

3. **适宜地区**　出苗快,苗期生长健壮,适应黄淮、江淮流域生态环境,适合在我国芝麻主产区河南、安徽、湖北、江西、河北、山西、陕西及新疆等地推广种植。

六、郑芝 12 号

1. **选育单位及品种来源**　郑芝 12 号(原名郑芝 97S56)是河南省农业科学院芝麻研究中心利用复合杂交、多元病圃选择的方法育成的优质、高产、高抗芝麻品种,2007 年通过河南省特色农作物品种鉴定委员会鉴定。

2. **特征特性**　郑芝 12 号属单杆型品种。其出苗速度快,苗期生长健壮,叶色浓绿,基部叶片为全圆形,中下部叶片肥大,有缺刻;茎杆粗壮,韧性较好,茎上茸毛较多,植株高大,株型紧凑,一般株高 155～180 厘米;果轴长,节间短;花冠白色,基部微红;叶腋三花,蒴果四棱,花期 40 天左右;籽粒纯白,千粒重最高达 3.292 克;粗脂肪含量 52.23%,蛋白质含量25.84%,属高蛋白品种。郑芝 12 号全生育期 87～91 天,比豫芝 4 号晚熟 1～3 天,成熟时微裂。

3. **适宜地区**　属中早熟品种,适宜在河南及邻近省份芝麻产区种植。

七、郑芝 13 号

1. **选育单位及品种来源**　郑芝 13 号(原名为郑芝 04C85)是由河南省农业科学院芝麻研究中心利用有性杂交、混合系谱法选择,结合多元病圃筛选,并在多点联合鉴定的基础上,选育出的优质、高产、稳产、高抗白芝麻新品种。2009 年通过河南省品种鉴定委员会鉴定。

2. **特征特性** 该品种为单杆型品种,叶色浓绿,叶片对生,基部叶片为长卵圆形,有缺刻,中上部叶片为披针形;茎杆粗壮,韧性较好,茎上茸毛较多;株型紧凑,株高150～180厘米,高产条件下可达到190厘米以上;果轴长,节间短,花期30～40天,单株蒴数82个;花冠白色,叶腋三花;蒴果四棱、中长蒴,蒴粒数62粒,成熟时微裂;千粒重2.9克,粗脂肪含量56.96%、粗蛋白质含量20.92%;茎点枯病情指数4.92,枯萎病情指数4.70,高抗茎点枯病和枯萎病,且耐渍、抗倒伏能力也较强。郑芝13号全生育期87天左右,属中早熟品种。

3. **适宜地区** 适宜在河南省和邻近省份芝麻产区种植。

八、郑芝14号

1. **选育单位及品种来源** 郑芝14号(原名郑芝9921)是由河南省农业科学院芝麻研究中心利用复合杂交、系谱法选择、多元病圃及多点联合鉴定方法选育的高产、优质、高抗芝麻新品种。2009年通过河南省品种鉴定委员会鉴定,定名郑芝14号。

2. **特征特性** 该品种为单杆型,叶色浓绿,叶片对生,茎杆粗壮、韧性较好。株型紧凑,株高140～180厘米,高产条件下株高可达到190厘米以上。果轴长,节间短,单株蒴数80个。花冠白色,叶腋三花,花期35～40天。蒴果四棱、中长蒴,蒴粒数62粒,成熟时微裂。千粒重2.68克,籽粒粗脂肪含量56.45%、粗蛋白质含量19.95%,属优质芝麻新品种。茎点枯病病情指数4.63,枯萎病病情指数4.82,属高抗芝麻新品种。郑芝14号全生育期87天左右,属中早熟品种。

3. **适宜地区** 适宜在河南省和邻近省份芝麻产区种植。

九、郑黑芝1号

1. **选育单位及品种来源** 郑黑芝1号是河南省农业科学院芝麻研究中心利用杂交育种方法育成的集优质高产抗病于一体的黑芝麻新品种,2007年通过河南省农作物品种审定委员会鉴定。

2. **特征特性** 郑黑芝1号属单杆型品种,一般无分枝。苗期生长健壮,发育速度快,株型紧凑,适宜密植;植株高大,一般株高150～180厘米,高产条件下可达200厘米以上,茎色绿色,茎杆粗壮,茎上茸毛稀少;叶色浓绿,中下部叶片长椭圆形,有缺刻,上部叶片呈柳叶形,无缺刻;叶腋三花,花色白色,花期35天左右;三花四棱,蒴果肥大,蒴长3.10厘米左右;成熟时蒴果微裂;籽粒亮黑色,单壳,不脱皮,千粒重2.55克,粗脂肪含量51.65%,粗蛋白质含量22.36%。茎点枯病病情指数为4.69,枯萎病病情指数为2.30,抗病性强,耐旱性好,抗倒伏性强。郑黑芝1号全生育期85～91天,属中早熟品种。

3. **适宜地区** 对河南省及邻近地区具有广泛的适应性,适宜在黄淮流域推广种植。

十、中芝杂1号

1. **选育单位及品种来源**　中芝杂1号是中国农业科学院油料作物研究所育成的杂交芝麻品种,亲本组合是"95ms-5×驻92701"。2004~2005年参加湖北省芝麻品种区域试验,2007年3月通过湖北省品种审(认)定。

2. **特征特性**　该品种为单杆型,株高中等偏高,一般为160厘米左右。茎色绿,茎杆(及蒴果)茸毛量中等,成熟时为青黄色。叶色深绿,花白色,每叶腋三花,结蒴较密,单株蒴果数一般80~100个,多的可达200个以上。蒴果中等大小,四棱。蒴粒数较多,每蒴70~75粒。种皮白色,千粒重2.8~3.0克,光滑,耐渍性、抗旱性较强。在2004~2005年湖北省区试中,茎点枯病和枯萎病抗性均比对照强。粗脂肪含量56.38%,粗蛋白质含量20.01%。籽粒较大,种皮纯白,外观品质较好。

十一、中芝14号

1. **选育单位及品种来源**　中芝14号是中国农业科学院油料作物研究所以有性杂交方式育成的白芝麻新品种。具有高产、稳产、抗(耐)病性强、品质优的特点。2006年通过湖北省农作物品种审定委员会审定。

2. **特征特性**　该品种属单杆型,植株高度一般为160厘米左右。茎杆粗壮、绿色,茎杆及蒴果茸毛量中等,成熟时为青黄色。叶绿色,叶片中等大小。每叶腋三花,花白色。始蒴部位40~60厘米,结蒴较密。单株蒴果数一般80~100个,多的可达200个以上。蒴果四棱,每蒴65~70粒,蒴中等大小。种皮白色、光滑,无网纹,千粒重2.8~3.0克,外观品质较好。粗脂肪含量为57.50%,粗蛋白质含量为19.26%,品质较好。对茎点枯病抗性较强。中芝14号全生育期一般90~95天。

3. **适宜地区**　适宜在湖北、河南、安徽等芝麻主产省及以南地区种植。

十二、中芝15号

1. **选育单位及品种来源**　中国农业科学院油料作物研究所用豫芝4号作母本,安徽宿县地方芝麻品种(国家芝麻种质库编号"ZZM3604")作父本杂交,经系谱法选择育成的品种。2010年通过湖北省农作物品种审定委员会审(认)定。

2. **特征特性**　该品种属单杆型,三花、四棱。株高中等,生长势较强,茸毛量中等。茎绿色,成熟时呈黄绿色。下部叶片阔椭圆形,中上部叶片披针形,叶色淡绿。花白色。蒴果较大,成熟时呈黄绿色。种皮白色,籽粒较大。品种比较试验中株高 162.5 厘米,始蒴部位 54.5 厘米,主茎果轴长 103.2 厘米,单株蒴果数 85.9 个,每蒴粒数 60.8 粒,千粒重 2.77 克,粗脂肪含量 58.87%,粗蛋白质含量 18.76%。茎点枯病病情指数 3.65,枯萎病病情指数 2.33。中芝 15 号全生育期 91.5 天。

3. 适宜地区　适于湖北省芝麻产区种植。

十三、中芝 16 号

1. 选育单位及品种来源　中芝 16 号是中国农业科学院油料作物研究所以豫芝 8 号为亲本经太空环境诱变和地面系统选育而成,2010 年通过江苏省农作物鉴定委员会鉴定。

2. 特征特性　该品种属单杆型,茎杆粗壮,株高一般 160～170 厘米,生长条件好时可达 190 厘米以上,叶片绿色,叶腋三花,花冠白色,蒴果四棱较大,成熟时落黄好,种皮颜色纯白,千粒重 2.8 克左右,含油率 59.3%,蛋白质含量 17.8%。田间发病调查:中抗枯萎病;茎点枯病接种鉴定发病率 10%,病情指数 6;耐湿性较强,抗倒性强。中芝 16 号全生育期 90 天左右。

3. 适宜地区　适宜于江苏、湖北、安徽南部、河南南部、湖南、江西等芝麻产区。

十四、中芝 17 号

1. 选育单位及品种来源　中芝 17 号是中国农业科学院油料作物研究所以国家芝麻种质库编号"ZZM3414×中芝 10 号"杂交后经系统选育而成,2010 年通过江苏省农作物鉴定委员会鉴定。

2. 特征特性　该品种属单杆型,茎杆粗壮,株高一般 160～170 厘米,生长条件好时可达 200 厘米以上,叶腋三花,花冠白色,叶片黄绿色,蒴果四棱肥大,成熟时呈黄色,落黄好。含油量 56.4%,蛋白质含量 19.8%。较抗枯萎病和茎点枯病,耐渍、抗倒伏性较强。中芝 17 号全生育期 88 天左右。

3. 适宜地区　适宜于江苏、江西、湖北、安徽南部、河南南部、湖南等芝麻产区。

十五、中芝 18 号

1. 选育单位及品种来源　中国农业科学院油料作物研究所选育的芝麻新品种"中芝 18",2011 年通过了湖北省品种审定。

2. 特征特性　该品种属单杆型,三花、四棱。植株较高,生长势较强,茎杆、叶柄、蒴果茸毛量中等。茎绿色,成熟时呈青黄色。种皮白色、光滑,籽粒较大。始蒴部位59.5厘米,主茎果轴长99.9厘米,单株蒴果数84.5个,每蒴粒数61.3粒,千粒重2.73克。生育期90天。籽粒粗脂肪含量56.83%,粗蛋白质含量19.89%。

3. 适宜地区 适于湖北省芝麻产区种植。

十六、中芝19号

1. 选育单位及品种来源 中芝19号是中国农业科学院油料作物研究所以中芝8号为亲本,种子经太空环境诱变和地面系统选育而成。

2. 特征特性 该品种属单杆型,株高一般为170.9厘米,白花白粒。始蒴部位65.13厘米,主茎果轴长105.0厘米,单株蒴果数79个,每蒴粒数60粒,单株产量12克,千粒重3.0克,生长势强,生长整齐,产量表现:平均每亩产量100.37千克,抗逆性较好。中芝19号全生育期90.0天。

3. 适宜地区 适宜于安徽、湖北、河南南部、江西、湖南等芝麻产区。

十七、中芝20号

1. 选育单位及品种来源 中芝20号是中国农业科学院油料作物研究所以"中芝11×安徽宿县芝麻(ZZM3604)"杂交选育而成。

2. 特征特性 该品种属单杆型,一般株高169.9厘米,白花白粒,果轴长94厘米,单株蒴果数90个,每蒴粒数63粒。单株产量13.17克,千粒重2.97克,生长势强,生长整齐。产量表现:平均每亩产量91.4千克,抗逆性较好。中芝20号全生育期89.7天。

3. 适宜地区 适宜于安徽、湖北、河南南部、江西、湖南等芝麻产区。

十八、中芝21号

1. 选育单位及品种来源 中芝21号是中国农业科学院油料作物研究所用99-2188[宜阳白×湖北竹山白芝麻(国家芝麻种质库编号为ZZM2541)F4]作母本,陕西扶风芝麻(国家芝麻种质库编号为ZZM3353)作父本杂交,经系谱法选择育成的芝麻品种。2012年通过湖北省农作物品种审定委员会审(认)定。

2. 特征特性 该品种属单杆型,三花、四棱。植株较高,株型紧凑,生长势较强,茎杆粗壮,茸毛量中等,成熟时茎杆颜色偏绿,基部有紫斑。叶色偏深绿,花冠白色。蒴果中等大小,四棱。籽粒中等大小,长椭圆形,种皮颜色纯白。品比试验中株高165.8厘米,始蒴部位56.9厘米,空梢尖长度6.7厘米,主茎果轴长度102.2厘米,单株蒴数90.8个,每蒴粒数67.1粒,千粒重2.60克。田间茎点枯病病情指数6.95,枯萎病病情指数1.10。中芝21号全生育期89.3天。

3. 适宜地区　适于湖北省芝麻产区种植。

十九、中芝22号

1. 选育单位及品种来源　中芝22号是中国农业科学院油料作物研究所、武汉中油科技新产业有限公司用中芝10号作母本,鄂芝1号作父本杂交,经系谱法选择育成的芝麻品种。2012年通过湖北省农作物品种审定委员会审(认)定。

2. 特征特性　该品种属单杆型,三花、四棱。植株较高,茎杆绿色,茸毛量中等,成熟时为青黄色。叶色绿,叶片中等大小,偏窄,上部为披针形,中部叶片为椭圆形。花白色,蒴果中等大小,种皮白色,光滑,籽粒较大。品种比较试验中株高163.3厘米,始蒴部位55.9厘米,空梢尖长度5.5厘米,主茎果轴长度102.0厘米,单株蒴数92.1个,每蒴粒数63.3粒,千粒重2.74克。田间茎点枯病病情指数4.27,枯萎病病情指数0.91,抗(耐)病性与鄂芝2号相当。中芝22号全生育期90.1天。

3. 适宜地区　适于湖北省芝麻产区种植。

二十、晋芝2号

1. 选育单位及品种来源　晋芝2号是由山西省农业科学院经济作物研究所培育的高产、优质、抗病、抗旱、耐渍白芝麻品种,2000年通过山西省品种审定委员会认定。

2. 特征特性　该品种属单杆型,一腋三蒴,蒴果四棱,种皮白色,长椭圆形。株高一般为150~170厘米,果长3.5~3.9厘米,蒴果密集,始蒴部位低(25~30厘米),单蒴粒数80个左右,单株蒴果90~146个。茎杆粗壮,叶色浓绿,成熟时茎杆呈浓绿色,不早衰。含油率为55.28%,粗蛋白质含量为26.92%,属高油高蛋白品种,尤其粗蛋白质含量高。

3. 适宜地区　晋芝2号适宜我国华北及西北无霜期在150天以上的地区春播和油菜茬、麦茬夏播。

二十一、晋芝3号

1. 选育单位及品种来源　晋芝3号是由山西省农业科学院经济作物研究所培育的早熟、高产、优质、抗病、抗旱黑芝麻品种,2004年经山西省品种审定委员会认定。

2. 特征特性 该品种属单杆型,一腋三蒴,蒴果四棱,种皮黑色。株高一般为 160 厘米左右,单株蒴果数 100 个左右,单蒴粒数 80 个左右。幼苗绿叶,叶片较狭窄。粗蛋白质含量为 18.59%,粗脂肪含量为 48.73%,锰含量 10.48 毫克/千克,维生素 E 158.3 毫克/千克。

3. 适宜地区 晋芝 3 号适宜我国华北及西北无霜期 150 天以上的地区春播和油菜茬、麦茬夏播。

二十二、晋芝 4 号

1. 选育单位及品种来源 晋芝 4 号是由山西省农业科学院经济作物研究所培育的早熟、高产、优质、抗病、抗旱白芝麻品种,2007 年通过山西省品种审定委员会认定。

2. 特征特性 该品种幼苗绿色,叶色浅绿,叶片较窄,有少量分枝,生长势较强,主茎高141.7 厘米,一腋三花,蒴果四棱,单株蒴果数 69 个,籽粒卵圆形,种皮白色,千粒重 2.8 克。春播生育期 120 天左右,夏播生育期 90 天左右,田间抗倒伏性好。富含亚油酸(44.2%)、粗脂肪(57%)、粗蛋白质(20.66%),既可作油用型品种又可作食用型品种。

3. 适宜地区 晋芝 4 号适宜无霜期在 150 天以上的地区春播,沙壤土质最好,沙土、黏土也可。最好在有灌溉条件的地区种植,也有的农户春季下雨后种植长势良好。

二十三、汾芝 2 号

1. 选育单位及品种来源 汾芝 2 号是由山西省农业科学院经济作物研究所培育的早熟、高产、优质、抗旱白芝麻品种,2009 年通过国家品种审定委员会认定。

2. 特征特性 该品种为单杆型,每腋三花,蒴果四棱。植株较高大,为 145 厘米左右,高可达 160 厘米以上,茎杆基部和顶部为圆形,中上部为方形,茎色绿,茎杆(及蒴果)茸毛量中等,成熟时为黄色。植株叶色绿,叶片中等大小,花淡紫色。主茎果轴长度 100 厘米左右,单株蒴数 90 个左右,每蒴粒数 70 粒左右,千粒重 2.9 克左右。茎点枯病发病率和病情指数分别为 34.57% 和 12.73,枯萎病发病率和病情指数分别为 24.39% 和 10.87。

3. 适宜地区 汾芝 2 号全生育期 99 天,适宜无霜期在 150 天以上的地区春播和麦茬、油菜茬夏播。

二十四、皖芝 1 号

1. 选育单位及品种来源 皖芝 1 号是安徽省农业科学院培育的白芝麻品种,2006 年 1月通过安徽省非主要农作物评审委员会审定。

2. 特征特性 该品种属单杆型,茎杆粗壮抗倒,株高 160 厘米左右,始蒴部位低。叶绿色,白花,叶腋三花,蒴果四棱,结蒴较密,栽培条件较好时,部分单株出现4～6花,每蒴粒数65粒,千粒重3.0克左右,种皮白色。较抗枯萎病和茎点枯病。皖芝1号夏播全生育期90天左右,成熟时下部蒴果不炸裂。

3. 适宜地区　适合安徽等地种植。

二十五、皖芝2号

1. 选育单位及品种来源　皖芝2号是安徽省农业科学院培育的白芝麻品种,2008年经安徽省非主要农作物评审委员会审定。

2. 特征特性　该品种为单杆型,株高160厘米左右。叶绿色,白花白粒,叶腋三花,蒴果四棱,结蒴较密,栽培条件较好时,部分单株出现一叶4～6蒴。据2007年安徽省芝麻新品种区域试验合肥点结果,皖芝2号始蒴部位48.0厘米,主茎果轴长96.9厘米,全株蒴果数72.9个,每蒴粒数68粒,千粒重3.02克。皖芝2号生长势、抗病耐渍性较强,开花较早、花期集中、花量大,生育期88天左右。皖芝2号粗脂肪含量55.0%,粗蛋白质含量19.5%,适合制油加工。皖芝2号夏播全生育期90天左右,成熟时下部蒴果不炸裂。

3. 适宜地区　适合安徽及周边地区种植。

二十六、皖杂芝1号

1. 选育单位及品种来源　皖杂芝1号是安徽省农业科学院培育的杂交芝麻新品种,2006年通过安徽省非主要农作物评审委员会审定。

2. 特征特性　该品种株型挺拔俊秀,单杆型,茎杆粗壮抗倒,一般株高160厘米左右,始蒴部位低。叶绿色,白花,叶腋三花,蒴果四棱,结蒴较密,栽培条件较好时,部分单株出现少数分枝和一叶4～6花,单株蒴果数80～90个,每蒴粒数65～70粒,千粒重3.3克左右,种皮白色。较抗枯萎病和茎点枯病。

二十七、漯芝15号

1. 选育单位及品种来源　漯芝15号是河南省漯河市农业科学院以系统育种法从豫芝4号中选出的优良变异单株。2007年通过河南省农作物新品种鉴定委员会鉴定。

2. 特征特性　该品种属单杆型白芝麻品种,含油率高,种皮洁白干净,商品性好;耐渍抗旱,抗倒抗病,丰产稳产性好;叶腋三花或多花,蒴果四棱。千粒重2.51克,生育期为88.4天。含油率57.46%,蛋白质含量18.63%,符合国家优质标准。茎点枯病、枯萎病病株率分别为9.1%、6.1%,病情指数分别为8.73、10.39,属抗病品种。

二十八、漯芝16号

1. 选育单位及品种来源 漯芝16号是河南省漯河市农业科学院从漯芝12号系统选育而成,2006年通过全国农作物品种委员会鉴定。

2. 特征特性 该品种为单杆型的白芝麻品种,叶腋三花,蒴果四棱,千粒重2.81克。经农业部油料及制品质检中心检测,含油量58.87%,蛋白质含量20.65%。该品种特点是丰产性好,品质优良,抗茎点枯病较强。漯芝16号全生育期为87天。

3. 适宜地区 适宜在湖北、河南、安徽芝麻生产区及江西中北部芝麻主产区推广种植。

二十九、漯芝18号

1. 选育单位及品种来源 漯芝18号是河南省漯河市农业科学院所选育出的优质、高产稳产、多抗、早熟芝麻品种,2005年通过国家农作物新品种委员会鉴定。

2. 特征特性 该品种属单杆型,叶腋三花,蒴果四棱,个别有多棱现象。一般栽培条件下株高160~175厘米。茎点枯病、枯萎病、病毒病、叶斑病病情指数分别为3.62、3.42、0.80、2.21,属抗病型品种。含油率58.32%,蛋白质含量18.97%。该品种籽粒纯白洁净,口味纯正,商品性较好,适宜出口。漯芝18号夏播生育期83天左右。

3. 适宜地区 适合在河南全省、安徽、湖北等省份芝麻产区推广应用。

三十、漯芝19号

1. 选育单位及品种来源 漯芝19号是河南省漯河市农业科学院以豫芝8号为母本,漯芝12号为父本杂交经过分离系统选育而成,2009年通过河南省农作物品种鉴定委员会鉴定。

2. 特征特性 该品种属单杆型,叶腋三花,蒴果四棱,一般条件下株高160~190厘米。含油率58.28%,粗蛋白质含量18.72%,属高油品种。枯萎病病情指数为3~4,茎点枯病病情指数为6~10,属抗病品种。漯芝19号夏播全生育期88天左右,熟相好,不早衰。

3. 适宜地区 广泛适应河南省及周边地区春夏播芝麻生产的需要。

三十一、驻芝14号

1. 选育单位及品种来源 驻芝14号是河南省驻马店市农业科学研究所以驻86036为

母本,驻7801优系为父本,通过有性杂交及后代在多元病圃中连续鉴定选育而成。2005年通过全国芝麻品种鉴定委员会鉴定。

2. 特征特性 该品种属单杆型。苗期生长健壮,植株高大,一般株高160~170厘米,高产条件下可达200厘米以上。叶腋三花,蒴果四棱,蒴长3厘米,千粒重2.8~3.0克。含油率为58.48%,蛋白质含量为18.87%,属高油类型。茎点枯病病情指数为1.24,枯萎病病性指数为2.38,属高抗类型。驻芝14号全生育期85~90天,属中早熟品种。

三十二、驻芝15号

1. 选育单位及品种来源 驻芝15号是河南省驻马店市农业科学研究所以驻81043为母本、驻92701优系为父本,经有性杂交,后代在多元病圃连续鉴定选育而成的芝麻新品种,2007年通过全国芝麻品种鉴定委员会鉴定。

2. 特征特性 该品种属单杆型,一般株高160~170厘米,高产条件下可达200厘米以上。始蒴部位低,黄梢尖短,叶腋三花,蒴果四棱,蒴长3厘米,千粒重2.8~3.0克。夏播一般从出苗到初花35天左右,花期40天左右。茎点枯病病情指数为1.24,枯萎病病性指数为2.38,均属高抗类型。2006年中国农业科学院油料作物研究所测试中心测定,驻芝15号含油率为58.48%,蛋白质含量为18.87%,属高油类型。驻芝15号全生育期85~90天,属中早熟品种。

三十三、驻芝16号

1. 选育单位及品种来源 驻芝16号是河南省驻马店市农业科学院以驻044为母本,驻9106优系为父本,经有性杂交、多元病圃多年鉴定、高代鉴定选育而成的芝麻新品种,2009年通过河南省芝麻品种鉴定委员会鉴定。

2. 特征特性 该品种属单杆型,一般株高160~180厘米,高产条件下可达200厘米以上。始蒴部位一般为50厘米左右,黄梢尖5厘米左右,蒴果四棱,千粒重2.7~3.2克,驻芝16号脂肪含量为58.40%,蛋白质含量为17.18%。茎点枯病病情指数为5.16,枯萎病病情指数为2.83。驻芝16号全生育期约90天,属中早熟品种。

三十四、驻芝18号

1. 选育单位及品种来源 驻芝18号(原名驻122)是河南省驻马店市农业科学院以驻893为母本、驻7801优系为父本通过有性杂交选育而成的芝麻品种,2009年通过国家芝麻品种鉴定委员会鉴定。

2. 特征特性　该品种属单杆型,叶腋三花,花白色,蒴果四棱,始蒴部位43厘米左右,千粒重3克左右。含油率为57.89%,蛋白质含量为19.28%,属高油类型。茎点枯病病情指数为6.53,枯萎病病情指数为1.68。驻芝18号夏播全生育期84~90天,早播生育期会适当延长。

3. 适宜地区　经试验、示范,驻芝18号适宜在河南、湖北、安徽、江西、陕西等芝麻主产区种植。

三十五、驻芝19号

1. 选育单位及品种来源　驻芝19号(原名驻0019)是河南省驻马店市农业科学院以驻975为母本、驻99141优系为父本,通过有性杂交、多元病圃多年鉴定、高代鉴定选育而成的芝麻新品种。2011年通过国家芝麻品种鉴定委员会鉴定。

2. 特征特性　该属单杆型,一般株高140~170厘米。始蒴部位为50厘米左右,黄梢尖长4厘米,花色为白色,蒴果四棱,千粒重2.8~3.12克,全生育期83.5天。含油率56.20%,蛋白质含量20.96%。

第二节
芝麻播种技术

芝麻是小籽作物,籽粒中养分含量少,能否种好芝麻,播种是关键。做到一播苗全、苗匀、苗壮,是决定产量高低的重要环节。因此,必须把好播种关,做好种子、播期、播种量等技术方面的准备工作。

一、种子准备

芝麻种子的优劣是影响出苗及产量的主要因素。播种前除应选留适宜当地栽培、纯度高、粒大籽饱、发芽率高、无病虫和杂质的优良品种外,还应做好下列工作。

(一)晒种

晒种可以催醒种子的休眠状态,提高生活能力,增强发芽势,促使苗齐苗壮。晒种方法:播种前选择晴朗的天气,将种子均匀摊晒在通风透光的地面上,让阳光暴晒1~2天,并经常翻动,使之晒匀。夏天不要在水泥地上或金属容器内晒种,以免高温烫伤种子,影响种子生活力。

（二）选种

常用的方法有两种：一是风选，即用 3～4 级风力吹扬种子，除去秕粒、杂质。也可用簸箕簸去秕粒、杂质。二是水选，即在播种前 1～2 天，选择晴朗天气，用清水漂选，利用比重原理除去浮在水面上的秕籽和杂质，将沉在水下的饱满种子取出，均匀摊开晾干，以便播种。水选受天气条件限制，最好在晴朗天气下进行。

（三）药剂处理

芝麻有些病害是靠种子带菌或土壤持菌传播的。播种前要用药剂处理种子，以杀死种子上的病菌，预防土壤内的病原传染。

二、适时播种

芝麻是喜温短日照作物，必须将芝麻的一生安排在高温季节里。根据主产区农民群众的经验是"春芝麻宜晚，夏芝麻宜早"，夏芝麻应在 6 月上旬播种完毕，超过 6 月 10 日播种，会造成减产，"早播吃油馍，晚种三分薄"和"夏至不种油"，说的就是这个道理。春芝麻应适当晚播，当地温稳定通过 15℃以上时为适播期，避免苗期低温冷害，造成缺苗。

适期早播主要特点

☞ 可适当延长芝麻的营养生长期，充分利用光照和积温，积累更多的营养物质，促进植株生长健壮，为蒴大、粒多、粒重、早熟高产打下良好的基础。

☞ 能显著地增强植株的抗旱、抗倒伏能力，因为适时早播，使苗期处在低温干旱的天气条件下，地上部分生长缓慢，茎节粗短，但有利于根系生长，根系发达，扎根深，分布广，吸收范围广，从而能增强植株的抗旱性。

☞ 适时早播可以在地下虫害发生以前发芽出苗，至虫害发生时，苗已长大，抵抗力增强，因而减轻苗期虫害，保证全苗。还可以避过或减轻中后期病虫盛发期危害。

☞ 可使芝麻提早开花授粉，避过高温多雨天气的影响，有利授粉结实，减少空蒴、缺粒等。

"夏种晚一天，秋收晚十天"，晚熟易遭受霜害，使籽粒不能充分成熟而降低产量和品质。芝麻适时早播既有利于抢墒出苗，又可避过伏旱，使植株授粉受精良好获得丰产；但是过早播种对芝麻生长也不利，主要是会遇到晚霜危害，招致严重减产。

三、播种方法

芝麻的播种方法主要有条播、撒播、点播3种。另外,还有一些特殊播种方法。

(一) 条播

条播工具可采用小麦机播耧,也可采用木制老耧。

条播的好处

☞ 播种均匀,深浅一致,出苗整齐,便于集中施肥和间苗定苗。

☞ 条播便于中耕、培土等机械化操作。

☞ 条播芝麻利于灌溉与排水。条播要注意控制播种深度,使用小麦播种机播种时,注意调节下种孔的大小,播种机在田间行走时要求行要直,并且保持行距宽窄一致,播种后注意镇压,使种子全部覆于土中。

(二) 撒播

水稻茬或土壤墒情较湿一般采用撒播的方式播种。撒播的特点是播种进度快,抢墒及时早播,下籽疏散,节约用种,种子覆土浅,出苗较快,幼苗强壮。但撒播时很难撒匀,容易漏播或重撒,种子不容易全部覆于土中;若在土壤墒情不足时撒播,易出苗不整齐,甚至会造成缺苗;撒播芝麻出苗乱,田间管理不方便,苗难定匀,不便于机械中耕培土、灌溉排水等田间作业;撒播芝麻根系浅,生育后期遇雨易倒伏。

(三) 点播

点播(穴播)是根据密度定准行、穴的距离,开穴或开沟点播,点播不但在足墒地上能获得全苗,而且在缺墒地块上,能借底墒覆盖湿土或点水播种而易获全苗,并且点播还能集中施肥和匀苗密植,点播芝麻播种质量好,易于一播全苗,但点播播种速度慢,效率低,只有在岗坡地、零星种植区,不能运用播种机械的地块才使用点播的播种方法。

(四) "双保险"播种法

"双保险"播种法是一种很好的一播全苗的播种方法,即在土壤墒情不足的地块上,采用条播和撒播结合的一种播种方法。其播种方法是先条播,再撒播,然后土壤盖籽。由于条播较深,种子不易落干,天旱时大部分能发芽出苗,若有少量缺苗断垄现象,则撒在浅土层里的干籽,一旦遇雨发芽出苗,可以补缺。这种播种方法的不足是出苗不整齐,浪费种子,费时费工。它不是主要的播种方法,只是防止旱、涝的一种保苗措施。

(五) "深种浅出"播种法

"深种浅出"播种法适用于北方干旱区春季干旱、风沙大且发生频繁、蒸发量大的地区的沙化土壤,如风沙土、半流动风沙土、流动风沙土、淡黑钙土型风沙土等土壤类型。该区域的芝麻种植以垄作为主,一般垄距50厘米左右,三犁川打垄,同时施入底肥。芝麻播种期

16

应根据气候条件和品种生育期确定,地表 7.5 厘米地温稳定在 16～18℃时播种为宜。正常年份北方芝麻播种时间以 5 月中下旬为宜。播种时要掌握好天气情况,最好雨后播种,播后遇雨表面易产生硬壳。

机械开沟,沟深 10 厘米,待水完全沉下去播种,播量 0.5 千克/亩左右,播深 5 厘米,覆土 5～8 厘米,确保土壤不风干,芝麻正常发芽。

芝麻为双子叶植物,没有芽鞘,出土能力较差,播种时的深覆土必须拖掉,才能保证芝麻正常出苗。拖土时机的把握是最为关键的技术。由于地势、地温、土壤、播期的差异,拖土的时间也有差异,一般在播种后 5～8 天、芽长 1.0～1.5 厘米时,拖去播种表面的表土层,使发芽的芝麻种子能顺利出苗。如拖土时间过早,风大易造成风干;过晚耗尽自身营养,导致苗不壮或根本无法出苗。

(六) "干播湿出"播种法

"干播湿出"播种法适用于西北芝麻产区春季干旱、冲积扇沙砾土。"干播湿出"播种技术,就是在春播生产中,以土地保墒为中心,耕翻土地后,先用播种机铺下薄膜、滴灌带、播种,播种深度 2 厘米左右,播量 0.15～0.2 千克/亩左右。待土壤温度稳定 16～18℃后,再往薄膜中的滴灌带灌水补墒,使水分直接渗透到芝麻种子周围,以利芝麻发芽出苗。利用这种方法,可以省水、省工,还可以防风,更能保全苗,最重要的是,这样做可以提高芝麻的产量。

四、播种量

芝麻播种量大小,直接影响苗期的生长发育。传统的芝麻亩播种量为 0.5 千克左右,按千粒重 3 克计,约为 17 万粒种子,按 85% 的出苗率计,可出 14.5 万株苗,按亩 1.0 万株定苗量进行计算,其出苗量是定苗量的 13～15 倍。精量播种条件下,每亩播量为 0.15～0.2 千克,出苗量是定苗量的 4 倍左右。播种量过大,幼苗拥挤,形成弱苗、高脚苗;播种量过少,会造成缺苗断垄。因此,要因地制宜控制下种量,凡土质好、墒情足、地下害虫少和整地质量好的地块,播种量要少些;反之,播种量可适当增加。

五、播种深度

芝麻的种子小,内含养分少,幼芽顶土能力弱,适宜的播种深度为 3 厘米以内,农谚有"深不过寸",切忌播种过深。播种过深,造成幼苗出土时间长,消耗养分多,苗瘦弱;同时抗病力也减退,还可引起烂籽、死苗,造成严重缺苗,甚至全田重播。但播种过浅,表土干燥,种子落干,不能发芽。生产实践中,具体的播种深度应视土壤质地、墒情等灵活掌握。质地黏重的土壤,由于地口紧实,土壤透气性差,应适当浅播;在沙壤土或土壤墒情不好时,可适当加大播种深度,但最深不要超过 5 厘米。

六、耱地盖籽

无论是在条播或撒播的情况下,播种后都要立即进行耱地盖籽,碎土保墒。同时,耱地还能起到压土提墒的作用,给种子造成上虚下实的发育温床,以保证种子发芽出土所需的土壤水分。通过耱地,可将坷垃耱碎,地面比较平整时可减少土壤与空气的接触面,降低土壤蒸发量,起到保墒的作用;同时,通过耱地还能把松散的土层压实,形成无数的毛细管,使土壤下层的水分,可以沿着毛细管上升到浅土层,起到提墒作用。因此,播后及时耱地,既能保墒又能提墒,但若耱地过迟或不耱地,漏风跑墒,种子得不到足够的水分,就会减缓出苗速度,导致出苗不匀、不齐。

第三节

芝麻需水规律与水分利用 ▶

芝麻是一种对旱涝害敏感的作物,旱涝害严重威胁着芝麻生产,产区内旱涝害频繁是我国历年芝麻单产低而不稳的主要原因。

芝麻对水分的反应非常敏感,虽说芝麻最怕渍,但也不能忍受长期的土壤干旱。在芝麻生产中,由于雨量分布不均,阶段性的干旱和渍涝害时常发生,甚至旱涝交替发生,严重影响芝麻的产量与品质。我国芝麻集中分布于黄淮、江淮地区,产量受降水量影响较大,常年减产 15% ~ 30%,极端年份致使绝收。渍害严重地降低了芝麻的产量和品质,1949 ~ 2006年 58 年间河南省芝麻主产区因涝害大减产的年份达 21 年;湖北、安徽芝麻生产也因渍害产量起伏较大,如 1982 年因降水量过多,平均每亩产量均不足 20 千克;2007 年芝麻主产区出现洪涝灾害,多数农田绝收。旱害,抑制芝麻的生长发育,减少开花结蒴数量,形成大幅度减产。农谚有"天旱收一半,雨涝不见面",这说明我们要积极创造条件,让芝麻的一生能得到适宜的土壤水分,才能更好地生长发育。

有学者研究认为芝麻全生育期内只需要 210 ~ 250 毫米的降水量。在我国芝麻主产区内,芝麻生育期间降水量常年在 300 ~ 500 毫米,多雨年份高达 900 毫米以上,少雨年份只150 毫米左右。如果常年雨水分配均匀,足可满足芝麻生长的需要,而且多为丰收年。实际上,我国主产区在芝麻生育期间雨量分布极不均匀,旱、涝之年时常发生,这也是产量低而不稳的主要原因之一。

一、需水概况

芝麻一生需水量与土壤含水量有很大关系(表1),随着土壤含水量的增加,芝麻一生的总需水量也逐渐增加,在40%~100%的土壤水分范围内,芝麻一生的总需水量为109.5~421.5米³/亩。不同生育期芝麻的需水特性与其生长发育规律完全一致。在开花以前,植株矮小,叶片数目少,并且叶面积小,植株蒸腾量较小,此期需水量主要由棵间蒸发组成;在开花至终花这一生殖生长阶段,植株生长发育最旺盛,日干物质积累最多,叶片迅速增生,叶面积也较大,植株蒸腾占需水量的比例也大幅上升;终花以后,由于气温慢慢降低,植株逐渐衰老,叶片逐渐脱落,茎、叶的蒸腾量减少,需水量明显下降。据测定,夏芝麻全生育期内,播种至出苗需水量为3.1~15.0米³/亩,出苗至现蕾为12.5~56.8米³/亩,现蕾至初花为7.8~47.4米³/亩,初花至终花79.3~303.9米³/亩,终花至成熟为5.3~28.4米³/亩。芝麻需水量最大的时期为初花至终花期,此期需水量占全生育期需水量的58.3%~72.3%。

表1 芝麻各生育阶段的田间耗水量(米³/亩)

供试品种	土壤相对湿度	各生育阶段需水量(米³/亩)					全生育期(米³/亩)
		播种至出苗	出苗至现蕾	现蕾至初花	初花至终花	终花至成熟	
郑芝98N09	100%	14.2/3.4	56.8/13.5	47.4/11.2	274.7/65.2	28.4/6.7	421.5
	80%	9.7/4.2	38.9/16.7	24.3/10.4	136.3/58.3	24.3/10.4	233.6
	60%	5.2/3.6	20.7/14.3	15.5/10.7	87.9/60.7	15.5/10.7	144.8
	40%	3.1/2.9	12.5/11.4	7.8/7.1	80.5/73.6	5.5/5.0	109.5
豫芝4号	100%	15.0/3.6	47.1/11.2	30.0/7.1	303.9/72.3	24.5/5.8	420.6
	80%	8.3/3.0	36.5/13.0	22.2/7.9	198.4/70.5	16.1/5.7	281.5
	60%	7.2/3.3	27.5/12.6	18.2/8.3	153.9/70.5	11.6/5.3	218.4
	40%	3.5/3.0	13.8/11.8	9.2/7.8	83.6/71.5	6.9/5.9	117.0
郑芝13号	100%	12.7/3.1	46.2/11.4	29.8/7.3	291.2/71.8	25.9/6.4	405.7
	80%	8.8/3.1	35.4/12.6	23.3/8.3	198.3/70.5	15.5/5.5	281.3
	60%	6.7/3.2	25.4/12.2	16.3/7.9	149.5/71.9	10.1/4.8	208.0
	40%	3.3/3.0	13.4/12.2	8.1/7.4	79.3/71.9	6.1/5.5	110.3

注:表中"/"后数字表示各生育阶段需水量占芝麻总需水量的百分比。由于40%和60%土壤含水量芝麻出苗困难,在播种至出苗期间,该处理为正常出苗的土壤含水量。

芝麻在不同的生育阶段适宜生长的土壤湿度与土壤质地有关。表2中列出了不同土壤质地下芝麻生长最佳含水量。在芝麻的整个生育期内,不同生育期芝麻发育对土壤含水量的要求呈先增加后下降的变化趋势,在生长最旺盛的花期,也是需水量最大的时期,对土壤的水分要求也最高,但不同的土壤质地,含水量差异明显,土壤质地越粘重,芝麻生长所需的水分含量越高。

表2　芝麻生长适宜的土壤湿度

生育时期	田间最大 持水量	土壤含水率		
		轻沙壤土	中壤土	粘壤土
出苗至初花	60%~75%	13.2%~16.5%	15%~18.8%	16.8%~21%
初花至封顶	75%~85%	16.5%~18.7%	18.8%~21.3%	21%~23.8%
封顶至成熟	65%~75%	14.3%~16.8%	16.3%~18.8%	18.2%~21%

二、各生育阶段需水特性

（一）种子需水特点

当芝麻种子吸收水分占自身重量的一半时，即能发芽出苗，可谓"黄墒芝麻，泥里豆"。土壤含水量影响芝麻的出苗，表3中列出了不同土壤含水量下芝麻的出苗情况，随着土壤含水量的增加，芝麻的出苗率呈先增加后下降的变化趋势，在50%以下的土壤含水量，芝麻几乎不能出苗，土壤相对含水量在70%~80%时，是芝麻出苗的最适土壤湿度。当土壤相对含水量为60%时，芝麻出苗缓慢，并且苗细、苗弱，而当土壤相对含水量达90%以上时，芝麻的出苗率又有所下降，至播种后第六天时，未能出苗的籽粒已经霉变。但夏芝麻在播种时气温较高，土壤水分蒸发快，农谚有"春争日、夏争时"，正是说明夏芝麻在播种时要趁墒抢时播种，才能保证一播全苗、壮苗（表4）。

表3　土壤相对含水量与芝麻出苗的关系

土壤相对含水量	40%	50%	60%	70%	80%	90%
播种后6天出苗数	0	2.67	34.23	100	100	84.27

表4　芝麻各生育阶段日耗水量

供试 品种	土壤相 对湿度	各生育阶段日需水量（米³）				
		播种－出苗	出苗－现蕾	现蕾－初花	初花－终花	终花－成熟
郑芝 98N09	100%	2.4	2.0	5.9	6.7	4.1
	80%	1.6	1.4	3.0	3.0	3.0
	60%	0.9	0.8	1.9	2.0	1.9
	40%	0.5	0.5	1.0	2.0	0.9
豫芝 4号	100%	2.5	1.6	3.8	7.4	3.5
	80%	1.4	1.4	2.8	4.4	2.0
	60%	1.2	1.0	2.3	3.6	1.5
	40%	0.6	0.8	1.2	2.0	1.2

供试品种	土壤相对湿度	各生育阶段日需水量(米³)				
		播种－出苗	出苗－现蕾	现蕾－初花	初花－终花	终花－成熟
郑芝13号	100%	2.1	1.6	3.7	7.1	3.7
	80%	1.5	1.3	2.9	4.3	1.9
	60%	1.1	0.9	2.0	3.3	1.3
	40%	0.6	0.5	1.0	1.9	1.0

(二)苗期需水特点

在芝麻苗期,土壤水分含量应适当降低,这样利于芝麻蹲苗、发根、主根入土深、侧根分布广,幼苗才能苗壮成长,茎粗实、抗旱、抗病、抗倒伏能力增强。当苗期土壤水分偏多时,幼苗细弱,叶片失绿,腿高茎细,主根入土浅、侧根少,抗旱、抗病、抗倒伏能力减弱,极易发生枯萎病、立枯病、根腐病等土传性病害。

(三)现蕾期需水特点

现蕾期是芝麻由营养生长转入营养生长和生殖生长并进时期。此期芝麻日生长量逐渐增加,对水分与营养物质的需求加大,日耗水量也迅速增加。

(四)花期需水特点

花期芝麻完全进入营养生长和生殖生长并进时期,此期植株生长旺盛,植株最大日增高10厘米左右,茎、叶、花、果进入全面旺盛生长阶段,干物质积累迅速增加,需水量达到高峰,芝麻对水分反映十分敏感,怕旱怕涝。此期是芝麻生长发育、产量形成的关键时期,要认真做好田间水分管理,遇涝排水和遇旱及时灌水工作。

(五)终花后需水特点

芝麻进入终花期,气温下降,灌浆逐渐完成,根系活力减弱,叶片脱落,日蒸腾作用降低,需水量逐渐减少。这个时期应注意田间排涝工作,一般不需灌水。

三、不同土壤水分条件下芝麻的生长特性

(一)土壤水分含量不同对芝麻物质分配的影响

从表5可以看出,两个品种均表现出100%和40%两个水分处理的根冠比均大于80%和60%两个水分处理。两品种均表现为随着土壤含水量的增加,经济系数逐渐下降,在40%土壤含水量条件下,经济系数最高。

表5 土壤含水量对芝麻根冠比与经济系数的影响

性状	品种	100%	80%	60%	40%
根冠比	豫芝4号	14.53	12.54	12.49	13.61
	郑芝13号	14.18	12.46	11.72	13.82

性状	品种	100%	80%	60%	40%
经济系数	豫芝 4 号	3.27	10.14	10.47	13.76
	郑芝 13 号	4.35	9.94	10.01	12.37

（二）不同水分处理对芝麻物质运转能力的影响

从表 6 可以看出，水分处理对芝麻亩干物质总产量影响较大，60% 水分处理最高，为 875.68 千克/亩，最低的为 100% 水分处理，为 533.35 千克/亩，其中 60% 水分处理的亩干物质总产量较 100% 水分处理的高 64.19%。籽粒亩产量为 60% 水分处理最高，为 81.56 千克/亩，最低的为 100% 水分处理，为 32.68 千克/亩，其中 60% 水分处理的籽粒亩产量较 100% 水分处理的高 149.56%。每生产 100 千克籽粒需水量在 177.51 ~ 1 289.73 米³，其中 60% 水分处理下每生产 100 千克籽粒需水量最少，为 177.51 米³。

表 6　土壤含水量对芝麻物质运转能力的影响

测定项目	40%	60%	80%	100%
亩干物质总量（千克）	563.16	875.68	716.29	533.35
籽粒亩产量（千克）	50.53	81.56	49.87	32.68
生产 100 千克籽粒需水量（米³）	216.66	177.51	468.48	1 289.73

（三）土壤含水量对芝麻经济性状有显著影响

从表 7 可以看出，随着土壤水分含量的降低，植株株高、果轴长度、单株蒴数、单蒴粒数、千粒重、单株产量均呈先增加后下降的变化趋势。旱害（40% 土壤相对含水量）和渍害（100% 土壤相对含水量）条件下，芝麻的各经济性状都呈劣化趋势。变化最明显的是株高、果轴长度、单株蒴数、单蒴粒数和单株产量。其中单株蒴数是产量构成因素中最重要的因子，因此，保证合适的土壤湿度是芝麻获得高产稳产的首要条件。另外，在旱害和渍害条件下，芝麻的光合特性、生理特性等各项指标活性下降，影响了光合产物的积累及干物质运转，使芝麻的干物质量明显下降。

表 7　土壤含水量对芝麻经济性状的影响

品种	处理	株高（厘米）	结蒴部位（厘米）	果轴长度（厘米）	黄梢尖（厘米）	单株蒴数（个）	单蒴粒数（个）	千粒重（克）	单株产量（克）
豫芝 4 号	100%	123.3	62.8	51.7	8.8	46.2	45.2	2.5	7.7
	80%	167.9	51.7	113.3	2.9	105.0	63.3	2.6	10.0
	60%	158.3	49.1	104.5	4.4	96.4	60.7	2.7	10.8
	40%	132.3	50.3	77.2	4.8	66.0	55.4	2.4	1.5

品种	处理	株高（厘米）	结蒴部位（厘米）	果轴长度（厘米）	黄梢尖（厘米）	单株蒴数（个）	单蒴粒数（个）	千粒重（克）	单株产量（克）
郑芝13号	100%	122.7	49.5	61.2	12.0	45.2	49.3	2.3	6.6
	80%	169.8	44.7	122.1	3.0	126.6	62.9	2.6	8.4
	60%	156.4	57.1	95.9	3.4	81.2	60.1	2.8	13.9
	40%	131.3	46.6	82.1	2.6	65.6	52.4	2.3	1.6
郑芝98N09	100%	131.3	68.5	59.1	3.7	42.2	36.5	2.3	3.5
	80%	140.6	63.7	72.9	4.0	57.6	62.4	2.7	9.4
	60%	154.0	69.8	79.5	4.6	67.0	68.2	2.7	13.8
	40%	143.4	69.3	69.2	4.9	52.8	66.4	2.5	8.8

四、排水防渍

芝麻的耐渍性随着植株生育进程的推进而逐渐递减,尤其初花期以后,其耐渍性变得很弱。渍害主要通过影响土壤中的水分、空气、微生物活性、养分吸收及地上部分湿度、温度及空气流通等因素而使芝麻发育受阻。当渍害发生时,主要表现为土壤水分达到饱和状态,土壤中缺乏氧气,加之高温、高湿等因素的影响,使土壤内厌氧微生物活性增加、根细胞透性减弱、根系活力下降直至腐烂,不利于土壤养分的释放和根系对水分、养分的吸收,加之地上部分雨后天晴高温高湿,蒸腾作用加强,叶片呼吸受阻,光合能力减弱,植株体内缺水,叶片萎蔫。地上部分与地下部分的协同作用,使芝麻在短时间内受到"饥饿"与病害胁迫致死。且在渍害环境下,根部组织易受病菌浸染破坏,即渍害和病害同时发生。芝麻渍害后,苗期常表现为根系活力减弱,功能降低,幼苗生长受阻,茎、叶黄瘦,随着天气转晴而土壤水分降低,虽可恢复生长,但因生理性亏损,长势很弱,加之间苗、定苗和中耕除草工作难以进行,形成"苗荒"和"草荒",进而造成减产,甚至草强苗弱全田废弃。开花结蒴阶段遇到渍害,就会阻碍根系的生理活动,功能受损,致使植株的水分失调,叶片萎蔫、凋落。受害轻的植株,在天气阴凉,叶片蒸腾量小的情况下,随着新侧根的发生,生活机能尚可得到一些恢复,但是易造成植株未老先衰,提前终花,黄梢尖增长,秕籽率增加等,致使产量和品质的下降。因此,芝麻在受到渍涝害威胁时,尽量在当天将明水排干,深挖墒沟,增设腰沟,将暗渍在短时间内排空。

五、灌水技术

芝麻较玉米、小麦、高粱等作物是需水量较小的作物,但并非芝麻不需要灌水防旱,也并非芝麻越旱越好,在其不同的生长发育时期对水分也表现为特定的生理需求,正如西汉《氾胜之书》中就指出芝麻要"区(沤)种,干旱常灌之"。尤其在芝麻盛花期是对水分敏感的时期,此期缺水,将造成芝麻大幅度减产。

在我国芝麻主产区,芝麻生育期内正值高温多雨天气,正常年份,在芝麻生育期间的降水量,可以满足其一生对水分的要求。但各地的气候不同,雨量往往分布不均,局部旱象历年都有发生。以河南为例,1959 年在驻马店试验,春芝麻久旱 70 天,盛花期灌一次水和蕾期、盛花期各灌一次水的亩产 65.8 千克和 69.9 千克,比未灌水的增产 24.63% 和 28.49%。1960 年唐河县农业科学研究所试验,夏芝麻遇到旱象,初花期灌一次水的每亩产量 903.0 千克,初花和盛花期各灌一次水的每亩单产 60.2 千克,分别比未灌水的增产 12% 和 55.81%。1966 年,叶县 72 天无雨,田庄乡道庄村 5 亩夏芝麻灌一次水,单产 92.5 千克/亩,比未灌水的增产 1.5 倍。由于芝麻各生育时期对水分的需求不同,因此,在干旱情况下,要把握好灌溉时期,促使灌水发挥最大效应,尤其是长期少雨、空气干燥和土壤干旱时,适当增加灌水次数效果更好。

(一) 苗期灌水

芝麻苗期需水量较少,如果播种时土壤墒情良好,一般不需要灌水。如 1987 年,河南省驻马店大面积芝麻(苗期)遭受严重干旱,生长发育受到很大抑制,但是在花蕾期后,天气特别好,结果当年芝麻仍获得每亩单产 60 ~ 75 千克的好收成。现蕾后,如果天气干旱,土壤水分下降到土壤相对含水量的 60% 以下时,即使幼苗未呈现明显旱象,为了促进花序的生长发育,以利花芽分化,仍需灌水。苗期灌水量不宜过多,每次每亩灌水 10 立方米左右为宜,采用微喷管,细水慢喷 20 ~ 30 分为宜。苗期土壤墒情以土壤相对含水量的 60% ~ 75% 为宜。

(二) 花期灌水

芝麻从初花 – 终花期这一阶段对水分非常敏感,此期缺水,植株生长缓慢,生殖生长停止或提前终花,芝麻落花落蒴现象严重,黄梢尖延长,严重影响芝麻产量的形成,并且芝麻品质也会受到不同程度的影响。因此,此阶段是芝麻需水量最大的时期,适宜的土壤含水量为田间最大持水量的 75% ~ 85%,此期如遇干旱应及时灌水保丰收。农谚有:"芝麻旱小不旱老。"就是说芝麻开花结蒴阶段最怕旱。如果土壤缺墒,不仅严重减产,而且含油量也会降低。如能及时补充水分,使植株得到正常的生长发育,就能大幅度增产。各地因年份间降水量往往分布不匀,应根据干旱情况而定灌水次数,原则上每次灌水量应控制在 20 立方米/亩左右,保证了旺长不徒长、壮苗早发不早衰,促进籽粒饱满。花期土壤墒情以田间土壤最大持水量的 75% ~ 85% 为宜。

(三) 终花期灌水

芝麻终花以后,植株高度不再增加,叶片逐渐脱落,灌浆接近尾声,此期植株蒸腾量逐渐减弱,需水量逐渐减少,在雨水充足或花期灌水的基础上,一般不需灌水。终花期灌水容易造成芝麻贪青晚熟,粒色变暗,如遇干旱,可视情况提早收获。终花以后土壤墒情以土壤相对含水量的 65% ~ 75% 为宜。

六、芝麻需水量与环境条件的关系

芝麻的需水量在很大程度上与播种时间、气候、土壤质地和栽培措施有关。

（一）生育期

一般春芝麻生育期长，芝麻高大、叶片蒸腾量也相对较大，需水量就多；相反，夏芝麻生育期较短，需水量则相应减少。

（二）气候特性

天气晴朗，日照强，气温高，空气干燥多风，芝麻需水量就增多；相反，阴雨寡照、无风、蒸发量小，则需水量就少。

（三）土壤质地

土壤质地对芝麻需水量的影响主要是土壤毛细管孔径大小与土壤团粒结构的好坏。如砂姜黑土土壤质地黏重，干旱时土壤结构体之间产生裂隙，致使毛管水被切断，不利于蓄水保墒。沙土土壤土质疏松，透水透气性好，但保水能力差；壤土质地介于黏土和沙土之间，兼有黏土和沙土的优点，通气透水、保水保温性能都较好；黏土透水透气性差，保水能力强。在砂姜黑土地和沙土地上种芝麻，需水量相对就会大。

（四）栽培管理措施

在高产栽培条件下，增施农家肥作基肥，合理密植、植株高大，相对土地面积上的叶面积系数也大，植株蒸腾耗水量相对较多；当栽培管理措施不当时，植株发育不良，叶片数目少，单叶面积小，相对土地面积上叶面积系数也小，植株蒸腾耗水量相对较少。

第四节

芝麻需肥规律与养分调控

芝麻从土壤中吸收最多的养分是氮、磷、钾三种元素，尤以氮素和钾素的需要量最大，磷素次之，同时也需要一定量的硼、锌、锰、钼、铁等微量元素。在我国黄淮芝麻产区的土壤中，一般来说是缺氮少磷富钾。据研究，施氮肥能提高叶片中可溶性糖含量。氮、磷在叶和种子中含量较多，钾在茎叶中较多。在芝麻高产栽培的条件下，氮、磷、钾三者配合施用效果更好。芝麻在各个生育阶段吸收营养物质的消长动态和植株生长趋势基本一致，因此，因地制宜地合理施用肥料，满足各生育阶段的营养需要，才能发挥芝麻的增产潜力。芝麻产量的增加，吸收氮、磷、钾的绝对数量也随之增加，但并非随产量按比例增加。由于土壤中的氮素容易消失，所以多数土地增施氮肥，尤以氮、磷、钾配合施用效果最好。

一、芝麻的需肥特性及各营养元素对芝麻生育的影响

芝麻需要从土壤中吸收以氮、磷、钾为主的多种营养元素,才能完成生长发育的全过程。据河南省农业科学院芝麻研究中心对郑芝98N09 不同时期的氮、磷、钾吸收量试验结果表明,芝麻对氮素和钾素的需要量最大,磷素次之。其绝对吸收量和三者比例关系,因栽培条件和产量水平高低而有所不同。芝麻在各生育阶段吸收营养物质的消长动态和植株生长发育趋势是一致的。从植株吸收氮、磷、钾的总和来看,以初花至盛花阶段为最多,盛花至成熟阶段次之,开花以前较少。从植株分别吸收氮、磷、钾三要素的数量看,吸收氮素和钾素的数量都是前期少,以后逐渐增多,初花至盛花阶段吸收最多,盛花至成熟次之;植株吸收磷的数量,从出苗至成熟逐渐增加,以盛花至成熟阶段最多。各器官之间氮、磷、钾三要素的含量不尽相同,氮素和磷素以蒴果皮中含量最高,其次是籽粒中,茎叶中含量较少,二者差别不大;钾素以籽粒中含量最高,其次为叶片,再其次为蒴果皮和茎秆。器官中还含有一定数量的硅、钙、镁、铝、硼、铁、钠、锰等元素,这些元素全靠土壤提供。

氮、磷、钾是芝麻生长发育所需的主要营养元素,在植株体内直接参与生理代谢活动,它们的作用占据重要位置。

(一)氮素的作用

氮素是植物组织蛋白质、叶绿素、维生素和酶等生活物质的基本成分。芝麻茎、叶中氮的百分含量,从苗期至成熟阶段不断下降,而总氮量逐渐增加,盛花期氮素的日增量达最大值,以后明显下降,终花至成熟阶段下降最快,其下降的趋势是向种子内转移。因此,在种子形成过程中,从盛花至成熟期间,含氮百分率和总氮量都是逐渐增加的。据中国农业科学院油料所的资料,中芝 7 号每株茎、叶所含的总氮量,在盛花期分别为 84.24 毫克和148.05 毫克,到成熟期下降为 27.94 毫克和 29.15 毫克。相反,种子中的总氮量有 13.2 毫克变为 158.34 毫克,再上升到 279.68 毫克。可见,氮素与芝麻籽粒产量的关系极为密切。缺氮时,植株矮小,叶小色淡,花少蒴瘦,籽粒不饱满。施用氮肥,既能增加茎、叶、种子的氮素营养,又可加大叶绿素含量,强化光合作用,促进植株生长,提高芝麻的生物产量和籽粒产量。凡高产地块的芝麻植株,各生育阶段吸收氮素的数量,均高于低产地块的芝麻植株。据河南省驻马店市农业科学研究所研究,增施氮素肥料,由于土壤缺氮程度不等,增产效果差异很大。一般说,每施0.5 千克纯氮,在含氮量很少的瘦地上,可增产芝麻籽粒3 千克左右;在相同面积的、含氮量较多的丰产地上,增产芝麻籽粒1.5~2.0 千克。

(二)磷素的作用

磷素是生命物质——核蛋白质的主要成分。植物体内有磷素才能形成核蛋白质,否则,生长发育迟缓,甚至停止生长。在植物的生理活动中,磷素影响其呼吸和碳水化合物的合成、分解与转化以及参与氮素的营养代谢。种子萌动时,首先消耗自身的大量磷素;磷除保持自身营养作用外,还可提高氮、钾的利用率,增蒴饱籽,提高籽粒的含油量。芝麻各器官的含磷量,以叶片中的含磷量最大,茎、叶以初花期的含磷百分率最高,盛花期总含磷量

最大,以后逐渐下降,与氮素一样也向种子内转移。因此,种子内的含磷量随着种子灌浆、膨大而增加。据中国农业科学院油料作物研究所资料,芝麻茎、叶中的磷素到后期向种子内转移是十分明显的。初花期茎、叶含磷量分别为0.375%和0.485%,成熟期降为0.048%和0.075%;盛花期每株茎、叶含磷量分别为7.89毫克和20.52毫克,成熟期降为2.82毫克和1.01毫克。其籽粒以盛花、终花至成熟的含磷百分率由0.625%变为0.67%,再升为0.68%;其总含磷量由每株2.5毫克变为26.13毫克,再升为46.78毫克。试验证明,磷素在芝麻的一生中,参与营养活动的归宿,主要是形成种子。河南土壤普遍缺磷,尤其淮北平原的砂姜黑土、南阳盆地和丘陵岗地磷素含量极为缺乏,甚至有不少土壤几乎是极缺磷。因此,增施磷肥对提高芝麻产量效果显著,一般每千克纯磷,可增产芝麻籽1~2千克。

(三)钾素的作用

钾素能提高作物光合作用的强度,直接参与氮素代谢及蛋白质形成、糖类合成与转化等有机物质的生理效应。糖类在钾素的作用下,氧化形成脂肪。钾素可提高植物的渗透压和膨压,促使根系吸收水分,保持体内水分平衡。钾素还能增强纤维组织,提高抗逆性。各器官的含钾百分比,叶片以苗期最高,茎以蕾期最高,而后逐渐降低。总钾量叶片以盛花期最大,茎以终花期最大,而后逐渐减少。籽粒形成阶段,钾的百分含量逐渐降低,但总钾量逐渐增加。器官见籽粒含钾量最低,根、茎中含钾量最高。因此,钾素是有利于根、茎发育,提高籽粒产量和含油量的主要营养元素。

芝麻植株从土壤中吸收氮、磷、钾三要素的数量虽然不相等,但三者之间有一定的协调比例,它们之间的关系是互相制约的。在三者比例失调的土壤上,任何一种元素不足,其他2种元素则受到制约,直接影响植株的正常发育。芝麻生产要达到某种产量水平,必须做到三要素协调供应。

(四)芝麻生育阶段对三要素的吸收

芝麻苗期生长缓慢,开花后生长迅速。由于各器官生长速度和功能作用不同,所以在不同生育阶段,干物质的积累速度和吸收氮、磷、钾量也不相同。芝麻初花至终花期,吸收氮66.2%、磷59.12%、钾58.37%。此时正是芝麻营养体和生殖器官生长并进,干物质生产迅速增长的时期,干物质重量占全生长期的76.78%;终花至成熟阶段仍吸收所需总磷量的20.26%,可见磷对籽粒灌浆的重要作用。

(五)产量和需肥量的关系

河南省农业科学院1960年报道:形成50千克芝麻种子需要吸收氮4.6千克、磷1.2千克和钾5.05千克。据1979~1981年和1984年在湖北和安徽芝麻产区,对不同品种产量和需肥量关系做过研究(表8)。随着产量的增加,每形成50千克种子,从土壤中吸收的氮、磷、钾量相应增加,但在形成等量的种子条件下,分枝型品种中芝5号比单杆型品种中芝7号需肥量较多。河南省中牟农校也报道过中牟分枝型品种形成50千克种子比单杆型品种中芝7号需要较多的三要素。可见单杆型品种施肥效应较高,有较好的施肥增产特性。

表8　芝麻产量和需肥量关系

芝麻品种	处理	亩产量（千克）	50千克种子需肥量（千克）			备注
			氮	磷	钾	
中芝7号	N0	56.25	3.39	1.225	2.9	武昌黏壤
	N14	106.4	4.69	1.31	5.2	
中芝5号	N0	40.65	4.065	1.44	2.35	
	N7	66	5.45	1.9	5.47	
中芝7号	一般田	65.1	4.635	1.35	4.3	襄阳田山黄棕色黏壤
	高产田	84.75	5.435	1.395	4.735	
中芝7号	一般田	62.5	3.58	1.095	4.09	安徽六里砂姜黑土
	高产田	80.6	5.39	1.64	5.11	

注:表中N0是不施氮肥;N7是纯氮7千克;N14是纯氮14千克。

（六）产区土壤和施肥关系

这个问题涉及产区土壤pH值,土壤有机质、氮和其他矿质元素含量,以及芝麻前作对土壤肥力的影响。

我国南北产区土壤除东北以外,有机质含量普遍较低。速效养分含量南方产区普遍低磷,少氮,红壤土三要素都偏低。淮北平原砂姜黑土低磷,少氮而富钾;北方产区土壤普遍低氮,少磷。因此,芝麻施氮肥都普遍增产,氮、磷配合施肥增产显著。有机肥作底肥更是群众的增产经验,既可改良土壤,又可从缓慢分解过程中释放三要素而减少养分流失。当然施肥措施,还必须因地、因品种制宜,重视科学施肥。

二、平衡配方施肥技术

芝麻的营养配方施肥,是根据土壤类型、产量水平、品种特性、栽培条件、播种早晚等综合因素,确定芝麻一生中吸收氮、磷、钾三要素的总量,按照一定比例进行施肥的方法。芝麻使用这种配比施肥法,不但能够满足芝麻一生中对养分的需要量,在不同的环境条件下获得高产,又能够节约投资,经济有效地使用肥料。

作物平衡配方施肥的3种方法

☞ 根据土壤普查资料中土壤养分的含量,以及以往田间试验结果,结合群众经验,估算出作物施肥量及营养配方。这是一种比较粗略的方法。

☞ 根据产量指标,按作物吸收养分数量,结合土壤养分含量及肥料利用率,推算出施肥数量和肥料比例。

☞ 目前推广应用最多的,通过肥料单因子或多因子试验,经过多年和多点的试验结果,选择最佳配方,确定肥料的合理用量及营养元素比例。

28

研究证明,芝麻从土壤中吸收氮、磷、钾绝对值的比例,近似于4:1:4。

土壤是芝麻植株摄取各种营养物质的基础。不同土壤类型或同一类型不同地块间的营养成分均不相同。在不同肥力基础上要使芝麻高产,氮、磷、钾的实际施肥量的比例不会等同。各地生产实践证明,搞好氮、磷配比,适当提高磷的施用量,对提高芝麻籽粒产量十分有益。据南阳地区农业科学研究所报道,唐河、白河流域土类中水解氮、速效磷、速效钾的含量分别为40.8～198.2毫克/千克、15.18～44.8毫克/千克和140～353毫克/千克。因此,提出芝麻施肥首先要重视氮、磷配合,而钾次之。

芝麻是需要钾肥较多的作物,在奇缺钾的土壤上应增施钾肥。沙壤土的透水性强,沿河地带的沙壤土还有回潮现象,群众称为"夜潮地",是芝麻最集中的土类之一。这类土壤,一般比较贫瘠,氮、磷、钾的含量极缺,芝麻高产施肥必须三要素齐全,配方合理,否则难以获得高产。据驻马店地区农业科学研究所试验,汝南县黄沙壤地,每100克样品中,含纯氮9.91毫克,速效磷44.7毫克/千克,速效钾73毫克/千克,营养配方试验结果,以每亩施纯氮9.2千克、速效磷8.9千克、速效钾1.5千克的产量最高,产量为95.72千克/亩,比不施肥的增产46.64%。三者的施用比例近似1:1:1.5。

高产芝麻对土壤中营养成分的要求相应的有所提高。在一定的肥力水平内,芝麻籽粒产量与施肥量呈正相关,超过一定限度后,随着施肥量的增加而肥效递减。芝麻高产的施肥量,应以能满足植株个体和群体对肥料的需求量,使长势、长相合理协调,最终达到芝麻高产指标为依据。据中国农业科学院油料作物研究所研究,在砂姜黑土、黄棕壤土上试验,以纯氮施用量为例,每亩施纯氮0～4.6千克,芝麻籽粒产量随施肥量增加而上升,每千克纯氮增产芝麻籽粒6～8千克。每亩施纯氮4.6～9.2千克,每千克纯氮增加籽粒4～6千克,经济效益有所下降。每亩施纯氮9.2～18.4千克,每千克纯氮增加籽粒2～4千克,效益较差。施肥量超过一定极限,产量就会下降。

三、氮、磷、钾施用技术

科学施肥是实现配方施肥方案,充分发挥肥效,满足芝麻各生育阶段对土壤吸收利用的重要保证。分期施肥是实现前期壮苗早发,中期快速增花结蒴,后期稳健不早衰,延长叶片功能期,为夺取芝麻高产奠定良好的基础。

(一)施足底肥

芝麻的生育期短,需肥集中。施足底肥能提高土壤肥力,促进壮苗早发,为芝麻高产稳产奠定营养基础。底肥的施用量应占总施肥量的60%～70%,不得少于50%。施肥原则为"农家肥为主、化肥为辅"。农家肥是有机肥料的主要来源,能够改善土壤理化性能,增加土壤的团粒结构和空隙度,提高保水、保肥能力,保持良好的土壤透气性,有利于根际微生物活动,加速养分分解,及时供应芝麻根系吸收利用。农家肥料一般有厩肥、人粪尿、陈墙土、杂草堆肥、草木灰和城市垃圾等。农家肥料所含营养物质全面,不仅含有氮、磷、钾,而且还含有钙、镁、硫、铁以及一些微量元素,农家肥中大量营养物质多呈有机物状态,难于被作物直接吸收利用,必须经过土壤中的化学物理作用和微生物的发酵,分解,使养分逐渐释放,因而肥效长而稳定,但由于农家肥中养分含量低,底肥需配合施入一定量的氮、磷、钾化肥,结合整地翻埋土中。据测定一般3 000千克优质牛粪尿,约含纯氮12千克,速效磷3.1千克,速效钾6.96千克。工业化肥与农家肥料配合施用作底肥时,工业化肥的用量要视农家肥的数量和质量而定。一般2 000~3 000千克/亩的优质农家肥作底肥时,应同时配合施用尿素4~5千克左右或碳酸氢铵12~15千克、磷肥20~30千克。

由于芝麻根系较浅,底肥不应施入过深,以掩埋地下15~17厘米为宜。据试验(表9),同为1 500千克农家肥的施用量,掩埋10厘米和17厘米的分别比深埋27厘米的增产11.7%和7.1%。如果不施农家肥料,单纯施用工业肥料作底肥时,必须加大氮素的施用量,每亩施尿素20千克或碳酸氢铵40千克左右,磷肥20~30千克和硫酸钾10千克作底肥,三者比例近于3:1:3。据1981年新蔡县农业局报道,砖店乡农科所每亩施用2 500千克土杂肥,7.5千克尿素和50千克磷肥,浅埋作底肥,每亩产量105.61千克,增产1倍多。

夏芝麻播种季节性很强,应提前做好施底肥的准备,农家肥料事先运到地头,待前作收获后,突击运送田间。为加快施肥进度,也可采用饼肥、化肥和人粪尿作底肥,或在冬季、早春给前茬作物施入大量慢性肥料,利用后效来代替芝麻的部分底肥。春芝麻的底肥应结合最后一次犁地翻埋土中,以分层次施用的肥效最好。有机肥和磷肥必须在犁地前均匀地撒施地面。速效性肥料以犁后耙前撒在土垡上较好。因为,芝麻的根系分布浅,底肥以浅施为宜。

表9　芝麻浅施底肥(1 500千克)的增产效果

掩埋深度(厘米)	根系条数	每亩产量(千克)	增产(%)
10	59	66.5	11.7
17	50	63.8	7.1
27	43	58.5	

(二)巧施种肥

种肥用量小,见效快、肥效高,是一种充分发挥肥效和经济用肥的施肥方法。种肥对芝麻条播、穴播和移栽及其育苗圃均可适用。

黄淮芝麻产区广大的砂姜黑土地上,铁茬种芝麻无法施底肥时,可采用粪耧,先将种肥尿素、过磷酸钙、磷酸二氢钾或腐熟的饼肥掺匀播下,然后将种子播入土内;零星产区穴播、手工开沟条播时,下籽后将少量化肥或腐熟的家禽、家畜厩肥、饼肥均匀撒入种穴、种沟内,然后适当覆土,浅盖保墒。微量元素可以浸种、拌种使用。苗圃育苗时在整地过程中,将化肥和优质农家肥拌在苗床的浅土层内。为了确保良效和安全,种肥如用有机肥料,必须事先充分腐熟,沤制时可混入磷肥;如用化学肥料,必须限量、撒匀,防止烧芽。一般施肥量为每亩用饼肥15~20千克、尿素3~5千克、磷肥25千克或鸡粪、猪粪、羊粪、牛粪300~500千克,优质堆肥1 000千克。种肥无论采取哪一种施用方法,都应防止直接暴晒,避免养分流失,保持土壤湿度,便于根系吸收,严防使用过量或生粪烧芽。

(三)适时追肥

芝麻一生中的养分供应,单靠底肥不能满足中后期生长发育、开花、结蒴的需要。如不及时追肥,会出现脱肥现象,轻者生长缓慢,叶小变黄,茎杆细矮,花少蒴瘦,重者产量降低、品质变劣。对那些少施和不施底肥的芝麻来说,追肥更为重要。

1. 苗期　芝麻幼苗生长缓慢,根系吸收养分的能力较弱,一般土壤肥沃、底肥充足,幼苗生长健壮的条件下不追肥。而土地瘠薄,土壤供肥能力差,或施底肥不足,或不施底肥,或过于晚播的夏芝麻,苗黄瘦弱,则需要尽早追施速效性氮素进行提苗,培育壮苗早发。通常夏芝麻的苗期,是指播种至现蕾的一段时间内,为25～30天。苗期追肥要体现一个"早"字,追肥过晚,起不到提苗作用,追肥过早根系吸收能力很弱,浪费肥料。研究认为,分枝型品种提苗肥应当在分枝前追施,单杆型品种追肥应当在现蕾前追施为宜。追施肥料的用量应视苗期而定,一般每亩需施尿素5～10千克。

2. 现蕾至初花期　现蕾至初花阶段是芝麻由单纯的营养生长进入营养生长与生殖生长并进的阶段,根系吸收能力增强,植株生长速度日益加快,干物质积累日益加大,对养分的日吸收量明显增多。这一阶段追肥,能培养芝麻植株茎杆粗壮,稳健早发,叶色浓绿的高产长相。研究认为,芝麻产量的构成因素主要是单株蒴数、每蒴粒数和千粒重,单株蒴数是构成产量的主要因素。因此,这个时期追肥的目的是增加植株高度,使有效果轴长度和节位增加。若能每个单株增加一个节位,就有可能增加2～4个蒴果,每亩可提高产量3～7千克。为了保证芝麻植株强壮地生长,促进花芽分化,必须重施速效性氮素化肥,有的还应追施适量的磷肥和钾肥。

各地追肥时期试验证明,土地肥沃,底肥充足,幼苗健壮的芝麻,可以少施追肥;土壤瘠薄,肥力较差的地块,相应地可以多施追肥。据1988年河南省沙北芝麻开发区报道,在土壤肥力中等,芝麻苗情不十分好的地块里,每亩施用尿素7.5千克,或碳酸氢铵45千克和磷肥35千克,也能促使芝麻高产。其蕾期追肥的平均每亩产量76.75千克,初花期追肥的每亩产量75.10千克,分别比不追肥的芝麻增产25.1%和22.41%。两期追肥使低产变中产,中产变高产的效果十分明显。这对黄淮流域中低产地区的芝麻生产有着积极的作用。

3. 开花结蒴期　此期是芝麻植株生长最盛,干物质积累最多,也是需要养分最多的时期。为了防止脱肥,避免植株早衰,力求多开花,多结蒴,减少"黄稍尖",改善土壤营养状况,延长叶片功能期,适当适量的追肥也会收到较良好的效果。但是,为了防止芝麻贪青晚熟,此期追肥要慎重,一般不施或少施追肥。这个阶段追肥宜早不宜迟,最迟不能晚于盛花期。据河南省油料工作组在遂平县试验,开花后10天每公顷追施硫酸铵150千克,每千克硫酸铵增产芝麻籽0.645千克,这说明过晚追肥效果不大。

4. 追肥方法　追肥的方法妥当与否,对肥料的利用率和提高产量有直接关系。芝麻的追肥时期都处在高温季节里,遇到土地干旱和暴雨的机会较多。为了防止高温暴晒导致养分挥发,应趁土壤墒情较好时,将肥料施入土中覆土盖严。芝麻追肥应与中耕、培土、浇水等工作密切结合,采取开沟条施和穴施为最好。追肥本着近根又不伤根的原则,不宜过浅、过远,特别是氮素化肥应施在离根际3～4厘米、浅埋4～6厘米的土中为宜。如遇雨追肥撒施时,切忌雨停后施用,这样撒下的肥料会烧坏叶片。

每次追肥应遵照配方施肥的要求,在原来施肥的基础上,分期补追一定量的氮肥和磷肥、钾肥。幼苗期一般不追肥,即使追肥也不宜过多。对弱苗每亩追施3~5千克尿素,促使壮苗早发。蕾前期追肥,分枝型品种应在分枝期,单杆型品种应在现蕾期,每亩施尿素5~10千克左右,可有效地使果轴伸长,增加蕾、花、蒴数,提高单株生产力。底肥和前期追肥较足,开花结蒴阶段可以不追肥或少追肥。有些弱苗可追施"偏心肥",促弱转强,以求个体间均衡发展,形成整齐的高产群体。追肥量要视植株的整体长势和个体间强弱差异程度而定,通常每亩追施尿素4~5千克。

(四)芝麻根外追肥

作物不仅可以通过根系吸收养分,而且可以通过茎、叶表面的气孔吸收养分,因此可以将肥料溶液喷洒在茎、叶上,通过气孔吸收给作物追肥,这就叫作根外追肥,也叫作叶面施肥。芝麻的叶片大,茎叶表面密生茸毛,附着水分的能力强,根外追肥的效果很好。根外追肥效快,当作物因缺乏某一营养元素而产生缺素症时,用根外追肥的方法可以迅速治愈,使症状消失。因此,根外追肥经常作为诊断和治疗缺素病的一种有效方法。根外追肥的肥料用量小,损失少,作物吸收完全,效果迅速,因此是一种最为经济有效的施肥手段。尤其是在芝麻生长后期,土壤施肥极不方便,而且根系吸收力很弱,此时进行根外追肥,可以改善植株营养,延长茎叶绿色器官功能期,促进养分向蒴果籽粒的转移,对增加粒重,挖掘高产潜力,意义重大。

芝麻的根外追肥,可以在花蕾期和封顶期分别进行,一般为1~3次。花蕾期可以结合病虫害防治,喷洒植物生长调节剂,促花增蒴;后期则可以结合喷洒多菌灵防病保叶。芝麻根外追肥的肥料一般有尿素、磷酸二氢钾和硼肥等,其使用浓度:尿素为1%,磷酸二氢钾为0.3%~0.4%,硼砂为0.1%。使用时,现将肥料溶解为溶液,为了增加溶液在叶面上的附着力。可加入适量洗衣粉作为展着剂。喷洒时,雾滴宜细,以将茎叶喷湿而不下滴为度。为了减少肥液的蒸发,延长芝麻茎叶的吸收时间,应在傍晚或清晨喷洒。另外,为了便于田间喷肥操作,必须改革芝麻种植形式,适当加宽芝麻种植行距。

四、微肥和激素使用技术

(一)微肥

微肥是对微量元素肥料的简称,微量元素是多种酶的成分或活化剂,参与光合作用、碳素同化与转运、氮素代谢和氧化还原过程等;促进植物营养生长协调发展、繁殖器官形成、发育,增强植物抗逆能力。植物对微肥的需要量就如同人们对维生素的需要量一样必不可少,一般根据土壤肥料缺乏程度和植物需求,在施用氮、磷、钾肥的基础上,适时适量增施微肥是获得优质高产的有效措施。微量元素由于其使用量少,只有与氮、磷、钾大量元素相互配合使用才能显示出增产效应。现已经确认对芝麻生长发育起作用的微量元素主要有铁、锰、铜、钼、钴、硼、氯、碘、硒等。根据中国农业科学院土壤肥料研究所对我国土壤微量元的分析,我国芝麻主产区土壤中,有效硼的含量为 0.25~0.5 毫克/千克;有效锌的含量为 0.5~1.0 毫克/千克;有效锰的含量为 50~100 毫克/千克。在河南芝麻产区的土壤中缺乏或潜在性缺乏硼、锌、锰、钼等微量元素。

1. 微肥种类

(1)硼肥 硼作为植物生长发育必需的微量元素之一,在花器官发育、细胞膜稳定性及糖的转运与代谢、核酸代谢和蛋白质的合成等方面起到重要作用,芝麻对硼肥具有较好的吸收利用能力。芝麻施用硼肥可能促进种子萌发,促进植株生长健壮,促使根系生长,增强根系活力和抗逆性,提高叶片中叶绿素含量,提高植株光合速率,增加产量,改善品质,缩短生育进程。当芝麻缺硼时,植株生长停滞矮化,根系发育不良,叶片变形且面积变小,气孔关闭,上部叶片黄白色,叶脉深绿,中下部叶片增厚、倒卷,叶片中叶绿体含量下降,叶肉细胞中叶绿体变小,脂质小球增多,膜结构碎化成片并液化,基粒片层解体并呈囊泡状,基粒结构破坏。生殖生长期缺硼,影响开花结蒴,造成蒴少、蒴小,甚至花而不实。施用硼肥一般可增产 7.1%~18.8%。硼肥作底肥施用时,随着施肥量的增加,可促进蒴果同步灌浆;现蕾期和盛花期叶面喷施硼肥效果最好。芝麻施硼肥一般以硼砂或速力硼为主,可作底肥、种肥或拌种、叶面喷施等。硼素作底肥施用时,用量为每亩 1 千克;作种肥施用时,用量为每亩 50 克;拌种用量为每千克种子 2 克硼肥;叶面喷施宜在现蕾期或盛花期进行,硼肥浓度以 0.1%~0.2% 为宜。

(2)锌肥 锌在作物体内易于移动而被重复利用,主要参与蛋白质和生长素的合成,促进叶绿素的形成及稳定,同时,锌也是多种酶的成分或活化剂。因此,它影响到芝麻的呼吸作用和其他许多生理活动。总体来说,锌能促进芝麻生长,加速植株体内蛋白质及碳水化合物的合成与转化,提高光能利用率,改善经济性状,提高芝麻产量。芝麻缺锌时,叶绿素合成数量减少、稳定性降低,叶绿体光合作用能力下降,缺锌造成芝麻叶片出现脉间失绿及黄化或白化现象,生长停滞,叶片变小。河南省农业科学院芝麻中心研究认为,施用锌肥的芝麻一般可增产 10.8%~15.3%。芝麻施锌肥一般以硫酸锌为主,可作底肥、种肥或拌种施用。作底肥施用时,用量为每亩 0.5~1 千克;作种肥施用时,用量为每亩 50 克;拌种用量为每千克种子 2~3 克硫酸锌。硫酸锌中的锌为可溶性锌,在遇到磷酸根时,会形成磷酸锌变为不溶性,降低肥效,所以硫酸锌最好不与磷酸铵、过磷酸钙等一起施用。

(3)锰肥 锰对芝麻生长发育表现为,锰是多种酶的活化剂,维持叶绿素的结构稳定性,对光合作用起活化作用,锰能促进芝麻植株体内氨基酸、蛋白质的合成,调节氧化还原反应,促进养分的积累和碳水化合物的运转,从而增蒴增粒,提高千粒重,增加产量。缺锰时,芝麻叶片光合作用不能正常进行,常造成芝麻叶片失绿变黄,同时引起植株生长停滞,植株矮化,开花结蒴少,产量降低。芝麻使用锰肥一般可增产 8.8%~13.3%。芝麻施锰肥一般以硫酸锰为主,可作底肥、种肥或拌种、叶面喷施等。作底肥施用时,用量为每亩 1 千克;作种肥施用时,用量为每亩 50 克;拌种用量为每千克种子 2 克硫酸锰;叶面喷施宜在现蕾期或盛花期进行,硫酸锰浓度以 0.1%~0.2% 为宜。

(4)钼肥 钼肥能促进芝麻的氮素代谢,加强矿物质的吸收,提高叶绿素含量,促进光合作用,增强抗病、抗旱能力。施用钼肥一般可使芝麻增产 7.0%~7.9%。

（5）稀土 稀土是指元素周期表ⅢB族中钪、钇、镧系等17种元素的总称。稀土可调节植株的营养生长和生殖生长,促进各种营养成分的吸收,从而起到改善植株经济性状,提高产量的作用。据河南省农业科学院芝麻研究中心研究,芝麻在现蕾期至初花期喷施一次0.03%的稀土溶液,增产为14.04%~18.9%。

2. 微肥施用注意事项

☞ 微肥必须和大量元素肥料配合使用,否则达不到应有的增产效果。

☞ 施用微肥要增施有机肥,因为增施有机肥既能增加土壤的有机酸含量,使微量元素呈可利用状态,同时又能在微肥施用过量时,缓解微肥毒性。

☞ 微肥使用不可过量,以免造成肥害。微肥用量过大会对芝麻会产生毒害,而且还可能污染环境和危害人、畜健康。微肥已经作底肥施用的,一般不再进行拌种或叶面喷肥施用。

☞ 喷施微肥注意施用时间,叶面喷施应在阴天或晴天11:00前或15:00以后进行,此期叶面呼吸作用旺盛,利于微肥吸收。喷后4小时内遇雨,应重喷1次。

☞ 使用稀土时,应先用硝酸或醋把水的pH值调到5.0~5.5,然后加入稀土,切忌不能用铁器搅拌或盛装。

☞ 微肥作种肥施用时,为了避免局部微肥浓度过大,伤害芝麻种子,应将微肥与土壤掺匀,并在施用时与种子隔开。

（二）激素

芝麻激素可分为调、控两大类型。芝麻在高产栽培过程中,利用植物激素调节其生长发育。施用激素可促进芝麻根系发育、防止植株徒长、达到植株稳健生长,早开花结实,防止落花落蒴,实现蒴大粒饱,千粒重高,提高产量的一项技术措施。合理利用植物激素对芝麻进行及时调控,能够抑制营养生长,促进生殖生长,改善植株经济性状,有效地提高8.0%~32.9%产量。抑制型植物激素如矮壮素、缩节胺、多效唑、784-1等。此类激素可调节芝麻的形态发育,延缓纵向伸长,加强横向生长,促进芝麻种子萌发,增加根系活力,抑制营养生长,降低结蒴部位,增加叶绿素、蛋白质、糖类的含量,促进叶片光合作用和根系呼吸作用,增强气孔抗阻,降低叶面蒸腾,进而提升抗倒、抗高温、耐低温、抗旱、抗盐碱能力,达到高产的目的。促进型植物激素如赤霉素、吲哚乙酸、802、增产灵等,能促进芝麻生长,增加单株叶片数,增强植株抗逆性,提前开花早结实,提高产量。

（1）缩节胺 又名助长素、调节啶,在芝麻上用以控制苗期生长,促根蹲苗,降低始蒴部位。使用方法:可用150毫克/千克溶液浸种或100毫克/千克进行苗期叶面喷施。据中国农业科学院油料作物研究所研究,芝麻用100毫克/千克缩节胺于4对真叶和初花期各喷1次,植株变矮,茎秆粗,腿低,叶色加深,延缓衰老,节密,蒴多,增产5.6%~14%。

（2）矮壮素 商品名称西西西,用于芝麻丰产田控制苗期生长,防止倒伏。据中国农业科学院油料作物研究所研究,芝麻用100毫克/千克矮壮素于2~3对真叶,间隔1周矮壮素喷2次,腿低、茎粗、抗倒,增产35.2%。

（3）赤霉素 又名"九二〇",能刺激植物细胞伸长,增加分枝,扩大叶面积。据中国农业科学院油料作物研究所研究,芝麻始花期喷洒100毫克/千克赤霉素,配合追施及中耕管理,增产17.1%。

（4）802　为多种硝基苯酚盐类复合物，能增强植物光合作用和抗病、抗旱能力，具有促进生根发芽、增花增蒴及延缓衰老的功能。湖北省鄂州农牧业局研究，在芝麻初花期喷洒100倍802溶液，增产12.2%。

（5）784-1　具有抑制营养生长，促进生殖生长的功能。据河南省平舆县农业试验站研究，芝麻以100毫克/千克溶液浸种4小时，增产21%~46%。

（6）喷施宝和叶面宝　两者均为广谱性植物生长调节剂，含有多种植物营养成分和腐殖酸等活性物质，具有促进生根发芽、开花结果及提高抗性等功能，在芝麻上主要用于增花增蒴。据河南省农业科学院芝麻研究中心和驻马店农业科学院研究，于芝麻花蕾期每亩用1支叶面宝（或喷施宝）加水50~75千克喷洒，植株增高，结蒴增加，功效显著。

芝麻上使用植物生长调节剂的方法有喷施、浸蘸、涂抹、土壤处理和茎秆注射等，但经常用的是叶面喷施。

五、对养分的需求

从植株吸收氮、磷、钾的总和来看，以盛花期到成熟阶段为最多，占吸收总量的78.4%；初花至盛花阶段次之，占总量的10.01%；开花以前仅占11.57%。芝麻不同生育时期，对三要素的吸收量也是不同的。氮素以盛花到成熟吸收最多，占总氮量的64%，磷素则以初花到盛花最多，占磷素总量的56.21%，钾素在盛花至成熟最多，占总钾量的86.29%。由此可见，除培肥地力促使壮苗外，应满足芝麻蕾花至成熟阶段对氮、磷、钾的需要，氮肥可在蕾前期追施，磷、钾肥作底肥或根外喷肥。

经多年研究证明，芝麻使用微量元素，可以促进其生长发育，提高籽粒产量，改善品质。目前使用的微量元素有10种之多，具有明显增产效果的有硼、锌、锰、钼等。这四种微肥作底肥施用均表现增产，以锌、锰增产最多，其增产率为15.3%、13.3%。微肥喷施增产效果更为明显，以硼肥效果最好，锌、锰、钼次之。它们分别增产15.6%、13.3%、8.8%、7.0%。

第五节
芝麻机械化种植技术

芝麻产业是建设现代农业的重要产业之一，在国家食用油料供给和保障食品安全方面占有重要位置。从总体来看，芝麻产业的发展具备了许多有利条件，但随着农业市场化、国际化和现代化的快速推进，也面临着严峻的挑战。影响芝麻生产发展的因素很多，其中农业机械化发展滞后是主要原因之一。因此，大力发展芝麻生产机械化，降低种植成本，已成为提高我国芝麻产品国际竞争力,发挥芝麻产业比较优势和增加农民收入的关键措施。

一、我国芝麻机械种植现状及面临的新形势

我国芝麻高产稳产高效栽培技术研究起步较晚,对机械化、轻简化种植技术的研究更少,全国机械化播种面积不到总面积的1/3,播种、间苗、收获和籽粒干燥仍以手工操作为主。这种传统的耕作方式,生产成本高,劳动效率低,不仅不利于规范化、标准化生产的实施,更不利于提高我国芝麻产品的市场竞争力。

为了达到芝麻轻简化栽培的目的,首先必须改变芝麻的手工播种、间苗、收获方式。但目前我国仍是依赖于手工播种,且多为撒播。撒播的种植方式造成出苗不匀,无法调整株行距,难于控制基本苗,不便于追肥、除草、防病治虫等田间作业,人力成本也高。芝麻人工间定苗和收获费工费时,这不仅不利于栽培管理技术的优化与推广,也不利于生产标准化的实施。

近年来,在河南、安徽、河北、辽宁等平原地区,一些芝麻种植大户尝试改造一些常规作物播种机械,如小麦、玉米、油菜播种机等,应用于芝麻播种;一些农机制造企业或农业科研院校制造出可供多种作物使用的播种机和田间管理机械;河南省农业科学院、中国农业科学院油料作物研究所和安徽省农业科学院等单位先后从韩国、苏丹等国引进一批芝麻专用播种机和收割打捆机,但这些种植机械因与我国芝麻种植制度和农艺不相配套,目前大多处于改制和试用阶段。我国芝麻机械种植技术落后,迫切需要引进、筛选和研制适合我国芝麻种植的农机与农艺配套技术。

2011~2012年,在国家芝麻产业技术体系的支持下,在全国7个主产省、50个芝麻主产县摸底调查出用于芝麻种植的机械275款,其中秸秆还田粉碎机46款,土壤深松机36款,旋耕机52款,播种机50款,拖拉机59款,鼠道(洞)犁8款,收割、打捆机15款,其他型9款。这些机械绝大多数由其他作物或国外种植机械引进、筛选和改制而成,如FT-200S型旋耕、播种、施肥和镇压一体机,AS-502B型芝麻播种机(韩国),2BJK-6型宽幅精量播种机,2BF-24A型鼠道(洞)犁,1GQN-200型旋耕开沟机和SGTNB-200Z41848型土壤深松机等;示范推广的机械种植技术为芝麻旋耕、施肥、播种和镇压一体化技术,化学间定苗与除草技术,种肥混拌、机械开沟与土壤深松技术,机械化除与病虫害防治技术等。

芝麻机械种植试验结果表明,芝麻机播适宜行距为30.0~40.0厘米,适宜播种量为4.5千克/公顷,播后苗前适宜除草剂为99%乙草胺,免耕机播基施复合肥375千克/公顷+追施尿素75千克/公顷处理的产量最高,达2 265千克/公顷。免耕机播秸秆还田比不还田处理增产16.25%。播后15天、25天对撒播田进行化学间苗。使田间苗数由49.5万株/公顷降至30.0万株/公顷;在合肥、临泉和马厂湖农场等地,开展了9点次芝麻机械种植高产示范,总面积34.92公顷,平均产量1 744.5千克/公顷,比非示范区增产34.2%,取得了较好的示范效益。

二、芝麻生产机械化面临的新形势

（一）产品需求不断增加

随着人们对芝麻营养保健价值的重视和国内加工量增加，芝麻营养保健品、深加工产品需求旺盛，我国芝麻产品需求量大幅增加，由主要出口国转为主要进口国，对外依存度越来越高，供求的矛盾越来越突出，需要大幅度提高单产和总产。

（二）新型农民需求不断增加

当前我国涉农产业的内外环境发生了深刻变化，特别是大量农村劳动力转移出来后，农业技术使用者的结构和素质发生了很大变化，以留守老人和妇女居多，青壮劳力较少，导致农业生产管理粗放。随着农民芝麻种植合作社的成立和发展，芝麻的种植规模扩大，数百亩、上千亩的田块增多，芝麻种植集约化水平提高，生产中迫切需要与芝麻种植相关的播种、施肥、植保和收获等农业机械及农机与农艺配套的技术。同时，农业生产资料和劳动力成本增加，农民增收难度加大，迫切需要有知识、懂经营、会技术的新型农民来支撑芝麻产业。

（三）机械化种植技术需求不断增加

目前，芝麻播种、间苗、收获、晾晒等农事操作仍旧用手工工具，种植粗放，劳动强度大，成本高，效率低，缺乏生产机械，特别是缺乏适于芝麻收获机械，难以规模化生产，前茬秸秆处理也成难题。同时，田地向种植大户集中的趋势愈来愈明显，传统的精耕细作已不能适应新形势的要求，需要研发和推广节本集约、轻简高效机械化种植技术，不断提高芝麻机械化生产程度，满足不同类型种植者和新型种植制度的需求。

（四）芝麻产业缓慢前进

目前，芝麻价格相对较低，而种子、化肥、农药及人力成本不断上涨，芝麻生产比较效益低。农村务农人员越来越少，很多农户选择了省工省时、节本增效的轻简化、机械化种植方式。基层科技力量薄弱，不少乡镇农技人员缺乏，对芝麻产业支撑乏力，新技术少且推广慢。在激烈的市场竞争和种植结构调整中，发展轻简化、机械化种植，减少生产成本，提高单产、增加种植效益成为发展芝麻产业和提高播种面积的关键点和着力点。

（五）政策层面支持少

"全国种植业发展第十二个五年规划"确定粮食作物播种面积稳定在 1.07 亿公顷以上，国内自给率 95% 以上，为维护粮食安全的刚性需求，在 1.2 亿公顷耕地上，既要发展粮食生产，又要发展油料，统筹难度不断增大，而食用植物油自给率仅 40%。国家对种植花生、大豆、油菜的补贴远比粮食作物低，对芝麻尚无补贴，这也会影响农户的种植积极性。

（六）芝麻生产机械化的不利因素

1. 芝麻机械播种不利因素

目前，我国能满足作物机械播种要求的机械还处于引进、开发、试验和推广阶段，主要引用小麦、玉米等作物播种机械，尚无芝麻专用机械生产厂家。芝麻机械播种的不利因素主要有种子小,播种量的控制难度较大;种子贮存养分少,要求整地质量高;黄淮、江淮和长江流域芝麻主产区土壤质地多黏重,整地质量不易保证。

2. 芝麻收获机械化不利因素

现有芝麻品种花期长达30天以上,成熟不一致;蒴果易开裂,机械操作损失大;植株高大、招风,茎秆易倒伏;不少主产区收获季节雨水多,种子沾在果壳上,壳籽不易分离;种子易霉烂。

3. 芝麻间定苗不利因素

芝麻苗期生长缓慢,苗距小,易形成簇苗;化学喷药时不易控制喷药范围,易伤苗;目前尚无专用的喷药机械。

4. 籽粒烘干机械化不利因素

芝麻干燥储藏期间,其含油量、出油率和油脂品质易发生变化,容易发生蛾类、螨类等害虫危害。

三、芝麻生产机械化发展重点

未来10年,我国芝麻生产机械化应以提高芝麻产量和国际竞争力为出发点,以农业增效、农民增收为目标。以市场需求为导向,以先进适用机械化生产技术为手段,降低生产成本,提高生产效益。

通过芝麻生产机械化示范区建设,提高芝麻生产的耕整开沟、化肥机施、排灌、植保、农田运输、秸秆还田、芝麻籽初加工等机械化水平,重点突破芝麻播种、间定苗、芝麻收获与干燥等主要机械化作业环节,提出芝麻机械种植与农机农艺配套生产技术体系,加强基层农机技术推广体系建设,提高农机社会化服务水平,推动优质芝麻机械化生产的区域化、规模化、标准化和专业化,基本形成较为科学的机械化生产装备体系和技术标准体系。芝麻生产机械化重点发展的技术主要有以下几种:

(一)芝麻播种机械化技术

要求机械播量精准稳定,大小可调节;行距均匀,宽窄可调整;播种深度合理;深浅可调。研制适用于平原和坡地沙质土、黏质土和壤土等不同土壤类型的芝麻专用播种机:还应研发开沟、免(旋)耕、施肥、播种、覆土一体化的播种机械。

(二)芝麻收获机械化技术

要求采取分段收获方式:第1段,田间芝麻成熟时采取机械收割打捆,就地架晒;第2段,人工脱粒。针对我国芝麻收割作业现状,引进和研发具有适应性好、结构紧凑、可靠性高、传动简单、性能好、效率高的特点;芝麻专用收割打捆机:适于条播和撒播种植;适于中矮秆品种。

(三)芝麻间定苗配套技术

机械喷药范围可控。不易形成簇苗:化学试剂对人、畜安全,低毒无残留,能有效灭除所喷非目标幼苗和杂草;筛选和研发芝麻专用间定苗喷药机械和化控试剂。达到间定苗准确,行距和株距均匀、合理,工作效率高。

（四）芝麻籽干燥技术

收获后的芝麻籽从自然水分干燥到安全贮藏或加工要求水分含量在7%以下,并保持芝麻籽化学成分基本不变。

筛选和研发芝麻籽安全干燥设备:主要技术参数稳定可靠,控温、控时灵敏准确,操作简单安全。

四、芝麻生产机械化保障措施

（一）加强领导,加大投入

各级政府要把实现芝麻生产机械化作为一项重要工作内容来抓,重点扶持条件好、能力强的科研单位和企业从事芝麻生产机具的研发,提高机具质量,推动芝麻生产机械化应用和管理技术的开发和发展;鼓励农机企业、农机服务组织和农机大户从事芝麻生产机械化事业,培育出芝麻生产机械化的服务市场,营造出有利于芝麻生产机械化发展的良好氛围。

（二）加强培训,抓好示范

认真搞好芝麻生产机械化技术培训。通过作业现场会和操作演示会,进行现场培训。开展机械作业和技术服务,制定作业技术规范。通过培训使尽可能多的农民掌握技术,扩大芝麻生产机械化推广应用范围。

（三）坚持引进和自主创新相结合

一是针对芝麻生长习性,引进吸收国外先进技术,如抗裂蒴品种、专用播种机、收割打捆机等,开发出芝麻生产新型机具。重点解决芝麻机械播种不匀、播种量难调控、机械化控间定苗不匀、收割打捆受株高限制等难题,从而开发出世界先进水平的机型。二是改造现有的小麦、玉米等作物的整地、播种、施肥、植保、运输、贮藏等机械设施,使之同时适用于芝麻生产机械化管理。充分利用原有机型设备,提高机具设施的使用率。缩短芝麻机械化的进程。三是针对现有的播种机。重点解决精密播种机构等部件研发问题,与整地、施肥、覆盖等部件形成配套的一体机,从而推进芝麻机械播种一体化技术。四是筛选和研发芝麻籽安全干燥设备。五是做好芝麻分段收获机具的引进和研发工作。

（四）加强农机与农艺配套技术的研发与推广

一是引进、筛选、研发和示范推广植株紧凑、矮秆、抗倒伏,花期集中、成熟一致,抗裂蒴、收获时落粒少,优质高产芝麻品种。二是研制适用的芝麻机械化生产技术模式,推进标准化生产。三是充分发挥农机企业的主体作用。农艺与农机的结合是一个很长的过程,需要完善的制度和有效的机制加以推动。四是针对目前芝麻生产机械化中存在的问题,进一步加大力量开展专题研究,如适于不同芝麻品种的播种机和收获机研制、适应机械管理要求的配套栽培技术研究等。

五、芝麻生产机械化技术体系

（一）夏芝麻稳产高效简化生产技术体系

1. 把好选地关

选地势高,便于排灌,肥力中上等的非重茬地块。

2. 留茬高度

小麦收获时留茬高度≤20厘米,有利于机械化播种和幼苗生长。

3. 抢墒播种

麦收后墒情适宜,麦茬芝麻可采取免耕机械直播,及早播种;墒情不足,灌溉后播种。

4. 播种方式

机械条播,等行距或宽窄行种植,行距40厘米或50厘米:30厘米,播种深度3~5厘米,使用小麦播种施肥一体机,严格控制播量和播种深度,每亩播种量0.2~0.3千克,播种时每亩施入10~15千克复合肥,播种施肥一次完成。

5. 合理密植

高肥水条件下密度每亩1.0万至1.2万株,一般田块每亩1.2万至1.5万株;播期每推迟5天播种,每亩密度增加2 000株。

6. 田间管理

(1)及时间苗、定苗。

(2)化学除草　播后1~2天内施用适宜浓度的芽前除草剂都尔或芽后除草剂盖草能进行有效除草。

(3)科学施肥　初花期追施尿素8~10千克/亩。

(4)病虫害综合防控　及时防治地老虎、蚜虫、甜菜夜蛾、芝麻天蛾和盲椿象等虫害。及时防治枯萎病、茎点枯病、叶部病害及细菌性角斑病等,一般在发病初期用药,全田喷雾2~3次,间隔时间为5~7天,可以防病与治虫药同时喷施,病害和虫害一次兼治。

7. 适期打顶

夏芝麻为8月25日后打顶,打顶长度1.0厘米左右,打顶方法用剪子剪掉芝麻顶尖即可。

8. 适期收获安全贮藏

按照芝麻成熟标准进行收获,小捆架晒,及时脱粒晾晒籽粒,安全保存。

（二）新疆干旱地区高产高效机械化生产技术

由于新疆芝麻产区气候干旱,土壤属冲积扇沙砾土,土壤瘠薄、持水能力较差,但光照好,温度高,温差大,有利于芝麻干物质积累和高产潜力发挥。其关键性技术如下:

1. 播前封闭除草

播前5~7天内施用莱草通乳剂进行土壤封闭,沙壤土每亩用量,33%莱草通乳油150~180毫升,对水50千克,或用48%氟乐灵乳剂100~150毫升/亩,对水50千克,均匀喷雾。

2. 机械化播种、干播湿出

采用改良的棉花播种机,播种－铺管－覆膜－压膜－打孔一次完成,每穴 2～3 粒,每亩穴数 1.2 万至 1.4 万株,每亩播量 100～200 克。4 月底播种,5 月初滴水灌溉。

3. 精细播种　因每穴 2～3 粒,不间苗、不定苗

4. 节水灌溉,看苗施肥

苗期 7～10 天滴水 1 次,中后期 5～8 天滴水 1 次;施肥应看苗施肥,随水施肥,苗期控氮肥、早中期氮磷为主、中后期以磷钾为主辅施氮肥。

5. 合理促控、控肥水封顶

7 月中下旬开始控肥、8 月 25 日控水,减少无效花序和无效蒴果。

第二章

芝麻植株形态异样的诊断与防控

本章导读：本章详细介绍并分析了僵苗不发、营养缺乏、花果发育异常、旺长与倒伏等芝麻常见异样形态，并针对病因提出了相应的防治措施，旨在使读者在生产中对芝麻生理性病害给予足够重视，加强栽培管理，以减缓常见生理性病害的危害。

芝麻生理性病害是由于非生物因素(即非侵染性病原)的作用造成芝麻的生理代谢失调而发生的病害,也非侵染性病害。非生物因素是指生长环境条件不良或栽培措施不当,这类病害不会传染,一旦环境改善,病害症状便不再继续,能恢复正常状态。非侵染性病害最常见的症状是畸形、变色。芝麻生理性病害在芝麻栽培中普遍存在,对产量及品质造成很大的影响。近年来,各地的生理性病害有越来越加重的趋势,原因很多,比如高温、干旱、日灼、土壤 pH 值异常、缺素等。生理性病害的发生最终将导致植株生长势衰弱,加大了次生侵染性病害和虫害发生的概率,应当给予足够重视,加强栽培管理。

第一节
僵苗不发的诊断与防治

芝麻出苗后主根不伸长、侧根不发生;茎杆无光泽、叶片呈暗绿色、暗淡无光泽;叶片和新叶失绿、新叶发生慢;茎杆发暗、有黑色斑点或呈水渍状;叶片黄化、或叶缘、新叶黄化,出现缺素症状,幼苗十分瘦弱。芝麻一旦出现僵苗情况,轻者生长缓慢或停滞,影响生育进程,重者整株死亡,造成缺苗断垄的现象,直接影响芝麻产量。

一、僵苗不发的原因

(一)缺素造成幼苗发僵

芝麻对于营养元素的需要属于全营养类型,碳、氢、氧、氮、磷、钾、硫、钙、镁、铁、锰、硼、锌、铜、钼、氯等营养元素,无论在芝麻体内含量多少,对芝麻的生长发育都有不可代替的重要作用。缺少这些元素,芝麻的正常生长发育就会受到一定影响,从而表现出不同程度的缺素症状,造成不同程度的减产。在"铁茬"播种田块上,由于播种前没有施用底肥,容易造成芝麻因缺素而形成幼苗发僵,生长缓慢,发育不良。

1. **芝麻缺氮症状**　缺氮主要表现为叶片和茎杆呈黄绿色直立,叶片小而薄,叶柄细长,基部叶片柠檬黄至橘黄色,茎细,植株矮小,分枝型品种分枝少,茎细叶小。

2. **芝麻缺磷症状**　缺磷表现为植株生长缓慢,茎细,植株矮小,基部叶片暗黑至灰绿色,坏死,脱落,中间叶色深绿色,抑制分枝。

3. **芝麻缺钾症状**　缺钾表现为植株矮小,根系生长受影响叶色由淡黄转暗绿,进而在绿色的叶脉间出现黄斑,继而变褐色,以后叶片皱缩、发脆,呈红褐色,如被灼伤而脱落。

4. **芝麻缺硼症状**　缺硼表现为幼苗上部叶片黄白色,严重时出现枯斑,下部叶片增厚,向外转曲,顶端生长受阻,植株矮小。

（二）化学除草剂残留毒害

1. **漂移危害** 芝麻对阔叶型除草剂非常敏感,微量都能造成药害。在芝麻田相邻处尤其是上风头,喷施克阔乐、百草枯等常因药液漂移而造成药害。芝麻表现出叶片皱缩、卷曲、叶片厚、浓绿、卷曲、鸡爪状或葱管状,叶缘枯死、丛生,甚至停止生长、整株死亡。

2. **操作不当危害** 使用苗后除草剂时喷头上没有安装防护罩,或者喷除草剂时不小心,将药液喷到了芝麻上,芝麻叶片萎蔫、发黄或枯焦,严重影响芝麻早发。

3. **上季作物土壤中残留除草剂药害** 如磺酰尿类除草剂,使用浓度过大,土壤中残留过多,植株吸收后严重影响其正常生长。

（三）低温冷害引起发僵

芝麻出苗后遇低温阴雨。当芝麻播种后,土壤温度低于15℃时,出苗缓慢,并且出苗后植株长势慢。由于土壤湿度大,土壤通透性差,不利于芝麻根系生长,芝麻吸水吸肥能力差,生长基本处于停滞状态。据河南省农业科学院芝麻研究中心多年观察,芝麻从出苗到第一对真叶出现所需时间,依温度的高低而有很大差异。当温度为14℃时,需10天以上;16～18℃时,需6～8天;25℃时,只需4～5天。幼苗期,根层地温如果降到14.5℃以下,根系即停止生长。地温提高到17℃时,根虽能生长,但十分缓慢;24℃以上根系生长迅速;27℃最适于根系的生长;33℃以上的高温对根和下胚轴都发生危害。苗期在日平均气温20℃以下时,主茎日生长量小于0.5厘米;20～27℃时,为0.5～1.5厘米;现蕾期到开花初期,气温在15℃以下时主茎日生长量为0.3厘米左右,15～20℃为2～2.5厘米。在日平均气温27～30℃时,1～3天出1对叶,而23～25℃时,5～7天出1对真叶。因此,在17～30℃内,随着温度的增加,根系生长加快。一般春芝麻易因低温冷害引起发僵。

（四）播种过深引起僵苗不发

芝麻籽粒小,种子中所含营养物质较少,当播种过深(播种深度超过3～5厘米时),由于幼苗出土时间过长,使得下胚轴过度伸长,消耗大量的营养物质,造成当芝麻出苗后,根系小而不发达,主动吸收养分的能力差,形成僵苗。

（五）土壤酸碱度不适引起僵苗不发

芝麻比较娇嫩,适合在中性或弱酸性土壤上生长,当土壤 pH 值低于5.5或高于8.5时,不适于芝麻生长。过酸或过碱的土壤会造成植株根系发育受阻,对养分和水分的主动吸收能力减弱,或者幼苗根系细胞中水分倒流,根系失水而影响植株的生长,植株整株或新叶黄化,叶片变薄变小,光合能力下降,从而形成僵化老苗。

（六）土壤水分不适宜

当土壤相对含水量超过90%时,土壤中水多气少,不但不利根系生长,而且土壤中还产生多种有害物质。同时根系进行无氧呼吸,产生并积累过量乙醇,使得根系生长严重受阻,并间接影响地上部的生长。而当土壤含水量低于60%时,由于初生苗主根短、没有或只有少量侧根,吸水能力差,造成植株主动吸水能力下降,生长发育因缺水而受阻形成僵苗。

（七）表层虚松

受耕作方式影响,当前芝麻田多采用旋耕机整地,旋而不耙,造成土壤虚而不实,致使种子播在虚浮的土层中,出苗后,根系不能接触下部紧实土层,形成"吊苗",造成养分和水分不能正常供应,植株生长缓慢,严重者枯萎死亡,造成缺苗断垄的现象,影响产量。

(八) 病虫害影响

芝麻苗期常见的病害有立枯病、炭疽病、枯萎病、根腐病等,虫害有金针虫、地老虎、蝼蛄等地下害虫和蓟马、蚜虫、盲椿象等对芝麻的危害。对地上部常常造成芝麻叶片缺孔或卷曲,叶色发黄有斑点,生长点异变,节间紧密,叶片稀少且小;对地下部常造成根系受伤,造成根系细小且稀疏,降低根系吸收功能,严重时造成缺苗断垄;病害对根系的危害主要表现为主根伸长慢,侧根不发生,根细量少,主根及下胚轴褐色甚至腐烂,植株生长细弱,植株矮小而呈僵苗。

(九) 施肥不当而引起的僵苗不发

目前在芝麻主产区,种植户习惯将肥料与种子同时播入土壤,造成肥料与种子紧密接触,局部肥料浓度过大,易造成芝麻烧苗而引起僵苗不发的现象。

二、防治措施

(一) 缺素造成幼苗发僵的防治措施

缺素造成幼苗发僵:缺氮引起的缺素症可追施尿素 150 千克/公顷或用 0.1%~0.2% 的尿素溶液进行叶面喷施;缺磷引起的缺素症可每亩用过磷酸钙 1~2 千克,加入少量的水浸泡 24 小时,滤出清液,加水 50 千克进行叶面喷施;缺钾引起的缺素症可叶面喷施 0.2%~0.3% 的磷酸二氢钾溶液;缺镁引起的缺素症可用 1%~2% 的硫酸镁溶液进行叶面喷施;缺钙引起的缺素症可用 0.3% 的氯化钙溶液进行叶面喷施;缺硼引起的缺素症可每亩用硼砂 70 克,对水 50 千克,进行叶面喷施。

(二) 化学除草剂残留毒害的防治措施

一般在除草剂施药后 1~3 小时内,发现有漂移危害或用错除草剂时,可及时用惠满丰(有机腐殖酸)40~60 毫升/亩,对水 30 千克,叶面喷施,可解除药害或减轻药害,若时间过长除草剂已进入植株体内,此法无效。其次,对土壤中残留的除草剂如磺酰尿类除草剂,在麦田使用后对后茬芝麻的药害,可用以上方法,在芝麻播种前喷于地表,效果较好;亦可在苗期用惠满丰 40~60 毫升/亩 + 活性促根剂 4 克/亩,对水 30 千克混匀后叶面喷施,效果更好。

(三) 低温冷害引起发僵的防治措施

地温稳定通过 15℃时播种芝麻,如果播期提前,采用地膜覆盖栽培,可保温提墒,避免低温对芝麻造成的伤害。如果出苗后遇到"倒春寒",影响芝麻生长发育时,可采用"烟熏"或灌水的方法,提高地温,防止冷害的发生。若种植面积较小时,可覆盖地膜以防止低温冷害的发生。

(四) 土壤酸碱度不适引起僵苗不发的防治措施

芝麻生性娇嫩,播种前要选好地块,要选择质地疏松、保肥保墒的地块,过酸过碱或盐分过大的地块不能种芝麻。对偏酸性的土壤可增施农家肥,培养土壤肥力,根据土壤酸性强弱,可适量施入 10~40 千克/亩石灰进行土壤改良;对于偏碱性的土壤,可施入腐熟的粪肥、泥炭等增强土壤的亲和性能,并通过每亩施入 30~40 千克的石膏将土壤中钠离子(Na^+)交换成钙离子(Ca^{2+}),从而降低土壤碱性。

(五)播种过深引起的僵苗不发的防治措施

芝麻籽粒小,种子中贮存的营养物质较少,出苗时顶土能力差,在播种时一定要严格控制播种深度,播种深度原则上控制在 1~2 厘米,最深不能超过 3 厘米。若播种超过 3 厘米,很可能会造成幼苗不能安全出土,或出土后由于种子中的营养过度消耗,初生根量少,吸收养分的能力弱而形成僵苗,影响植株的正常生长发育。

(六)土壤水分不适宜引起僵苗不发的防治措施

土壤水分过低或过高,均对芝麻的生长发育造成不良影响。当土壤含水量低于 60% 时,要及时浇水,保证芝麻生长发育所需的水分,并在浇水后,地表泛白时及时中耕保墒;如遇阴雨天气,土壤湿度过大时,芝麻植株应形成渍害,此时要及时排渍,并在地表泛白时及时中耕。

(七)表层虚松引起僵苗不发的防治措施

为了避免表层土壤虚松,在用旋耕耙耙后,要及时镇压糖平,并在播种后及时镇压盖籽,避免根系悬空,跑墒严重而发生的芝麻僵苗。若遇天旱,也可采用灌水的措施,对表层土壤进行镇压。

(八)病虫害引起僵苗不发的防治措施

针对芝麻苗期病害要及时防治,防治方法见芝麻苗期管理;芝麻苗期的虫害主要为地下害虫危害,要结合整地,撒入药剂防治地下害虫,若出苗后再发生地下害虫的危害,可采用炒熟的麦麸拌入 100 克/亩的晶体敌百虫,并加入适量的红糖和白酒,制成毒饵,诱杀地下害虫。

(九)施肥不当引起的僵苗不发

对于由肥料浓度过大引起的僵苗不发,可采用灌水的方法及时稀释肥料浓度,并结合中耕,增加土壤通透性,促使芝麻壮根早发。

第二节
营养缺乏的诊断与防治

一、营养缺乏的原因

我国芝麻主要分布在欠发达地区,作为填闲作物,一般种在岗坡、三角地带,机械耕作程度低,一般不施肥或少量施用氮、磷肥,钾肥基本不施。因此,芝麻生长常会出现不同情况的缺素症状。当芝麻缺乏各种营养元素时,生理代谢和生长发育过程就会受到阻碍,表现出各种不正常的形态特征。根据这些症状,结合必要的生物化学和农业化学分析,就可以判断出某种元素的供应状况。这里就已知的芝麻各种元素的缺乏症作一简要叙述。

1. 缺氮时　叶片呈现黄绿色,叶片薄、小而少,成长叶和下部叶受缺氮影响最明显,根系受抑制较小。芝麻生长停止较早,株矮茎细,果枝少,现蕾、开花、结蒴少,脱落多,而且蒴小、籽少。当严重缺氮时,成熟的叶片会变黄、变褐色,最后枯干而过早脱落。由于生长总量小而产量低。

2. 缺磷时　植株地上部和地下部生长均受到严重抑制,植株矮小。根不发达,叶色发暗或发红,叶片早衰脱落,茎纤细而硬,开花少,结蒴小,籽粒油分低,结实及成熟都延迟,产量降低。缺磷一般难于从形态上诊断,待看出缺乏症状就难于补救。采用组织化学分析可作早期诊断。

3. 缺钾时　植株矮小,根系生长受影响。发病初期,叶色由淡黄转暗绿,进而在绿色的叶脉间出现黄斑,继而变褐色,以后叶片皱缩、发脆,呈红褐色,如被灼伤而脱落。植株易感病,而且难于成熟,种子品质差。

4. 缺硫时　植株矮小,根系发育不良,叶绿素消失,先由叶脉间开始,然后遍及全叶,最后叶呈紫红色,叶脉仍然保持绿色。症状先发生在幼嫩叶片。

5. 缺钙时　苗期下部叶(包括子叶和真叶)的叶柄弯曲而衰亡。植株停止生长,首先是根的生长停止。

6. 缺镁时　叶有失绿现象,叶脉仍呈绿色,叶脉间出现各色斑点,叶子呈波纹状或卷起,植株发育推迟。

7. 缺铁时　根系发育差,叶失绿,严重时整个叶片变黄或变白,植株矮小。

8. 缺硼时　苗期叶片小,叶表面皱缩并向下卷曲,上部新叶呈齿状的新月形,叶色深绿,叶片变薄。严重缺硼时,芝麻茎顶端生长点停止生长或坏死,侧芽增出形成多头状。

9. 缺锰时　叶绿素的形成受到阻碍,叶片上有失掉绿色的斑点。

10. 缺锌时　叶片的叶脉间组织极度褪色,并有坏死的斑点。

11. 缺铜时　叶片有失绿现象,影响蛋白质及碳水化合物向生殖器官中运转。

12. 缺钼时　初始幼叶较小,以后叶缘及叶尖坏死,叶片下垂萎蔫,主脉间叶组织大部分死亡。短期内全部叶片均受影响,生长极为缓慢,种子发芽率下降,萌发速度减慢。

一般情况下,植株体内微量元素不足,往往并非由于土壤里完全缺乏这种元素,而是由于这些物质处于不溶解状态,不能被芝麻的根吸收所致。

因此,可以看出,植株体内各种营养元素既有本身的独立作用,也有一些共同作用。各元素之间互相有联系,既有相互促进的作用,又有相互拮抗的作用。这都需要根据具体的分析测定,才能作出正确的判断,对症下药,以改善芝麻的营养条件,促进其正常生长发育。

二、防治措施

（一）土壤基础肥力较低

对于基础肥力较低的土壤,在整地时可增施有机肥。有机肥含有多种营养元素,除含有氮、磷、钾等大量元素外,还含有许多芝麻所需的中量元素和微量元素,能给植株生长提供全面的所需营养,特别是提供微量元素,同时能提高芝麻的品质和口感。有机肥含有机质和腐殖质,能改良土壤结构,协调土壤的水、肥、气、热,增强土壤的通气透水能力和保水、供肥、供水能力。有机肥缓冲性大,可缓和土壤酸碱性变化,清除或减轻盐碱类土壤对芝麻的危害,增加土壤的亲和性,提高肥料的效用性。

（二）缺氮、磷、钾

针对不同的缺素情况,可采取追施或叶面喷施的措施及时补充。对于大量元素氮肥的缺失,可采用每亩追施10千克尿素或喷施1%～2%的尿素溶液。缺磷和钾肥时,由于磷肥和钾肥在土壤释放较慢,属缓释性肥料,根部追肥效果较差,可每亩用过磷酸钙1～2千克,加入少量的水浸泡24小时,滤出清液,加水50千克喷施,钾肥可每亩用磷酸二氢钾10～15克,加水50千克或用氯化钾或硫酸钾1千克,加水50千克叶面喷施加以追肥。

当土壤的有效镁含量在60～120毫克/千克时,为镁缺乏区;当土壤的有效镁含量少于60毫克/千克时,为镁的严重缺乏区,应当及时补施镁肥。镁肥可用于基肥、追肥或叶面喷施。作基肥,要在耕地前与其他化肥或有机肥混合撒施或掺细土后单独撒施。作追肥要早施,采用沟施或对水冲施。向土壤施用镁肥每亩硫酸镁的适宜用量为10～13千克,折合纯镁为每亩1.0～1.5千克;一次施足后,可隔几茬作物再施,不必每季作物都施。叶面喷施。在作物生长前期、中期进行叶面喷施,可每亩用1%～2%硫酸镁溶液50～75千克叶面喷肥。

（三）缺钙

钙在植物体内的运输是单向的,植株根部吸收的钙,只能通过蒸腾液流从木质部运送到植株顶端,而不能通过韧皮部再往下运送。当植株缺钙时,新叶先表现出缺素症状,叶面喷施补充钙的效果较好,可用0.3%氯化钙水溶液叶面喷洒。

（四）缺硼

☞ 每亩用0.5千克硼砂拌细干土15千克或与农家肥、化肥混合施入土中,但不能使硼肥直接接触芝麻种子或根系。

☞ 作种肥施用时,用量为每亩50克;拌种用量为每千克种子2克硼肥。

☞ 叶面喷施宜在现蕾期或盛花期进行,硼肥浓度以0.1%～0.2%为宜。

（五）缺铁

☞ 每亩用20%硫酸亚铁(又称黑矾)0.3～0.5千克作底肥施入,施肥时最好与有机肥或过磷酸钙混施,利于铁离子活性增加,便于根系吸收。

☞ 可用0.1%硫酸亚铁水溶液浸种,待溶液均匀覆盖种子表皮时,将种子在通风透光处均匀摊开,晒干。

☞ 在芝麻现蕾期和花期可喷施 0.2% 硫酸亚铁溶液,连续喷施 2～3 次,每次间隔 5～7 天。

(六)缺锰

锰在芝麻中需求量较少,一般不易出现缺素症状。当芝麻植株缺锰时,新叶先表现出缺锰症状,可每亩用 1% 的硫酸锰溶液 50～75 千克进行叶面喷施。

(七)缺锌

锌在芝麻中需求量较少,一般不易出现缺素症状。当芝麻植株缺锌时,新叶先表现出缺锌症状,可每亩用 0.1% 的硫酸新溶液 50～75 千克进行叶面喷施。

(八)缺钼

钼发现芝麻植株缺钼时,每亩可用 0.01%～0.1% 的钼酸铵溶液 50～75 千克进行叶面喷施。

第三节
花果发育异常的诊断与防治

一、花果发育异常的原因

(一)温度

温度对芝麻花果发育的影响主要表现在高温的影响方面,高温引起芝麻生理活性系统发生紊乱,内源激素失调,导致光合性能发生异常,叶片失绿,碳水化合物不能正常合成,进而引起叶柄、花柄和蒴果柄离层形成,导致落花落蒴,直接影响芝麻的产量和品质。

高温对芝麻光合特性的影响为随着温度的升高芝麻叶片净光合速率下降,并且高温持续时间越长,这种影响效应也越大,持续高温条件下,芝麻叶片中叶绿素降解,叶片失绿。2013 年河南省农业科学院芝麻研究中心对高温胁迫下芝麻的结蒴特性进行了调查,结果(表10)表明,随着温度升高,芝麻落花落蒴率增加,并且花朵的脱落量明显大于蒴果的脱落量。在 40℃ 高温条件下,单株最高花朵脱落量为 42.8 朵/株,落蒴为 21.3 蒴/株。在 31～35℃,温度每增加 1℃,花朵多脱落 1.38～3.48 朵,蒴果多脱落 3.28～3.83 个,而在 36～41℃,温度每增加 1℃,花朵多脱落 3.42～4.62 朵,蒴果多脱落 0.3～1.38 个。说明极端高温主要影响芝麻花朵的脱落。

表 10   温度对芝麻结蒴性状的影响

日均温(℃)	落花数(个)			落蒴数(个)		
	郑芝 98N09	郑芝 12 号	郑太芝 1 号	郑芝 98N09	郑芝 12 号	郑太芝 1 号
40.9	40.3	38.5	42.8	17.4	18	21.3
35.7	17.2	15.6	25.7	15.1	16.5	14.4
31.5	7.8	10.1	11.8	1.8	1.2	1.3

（二）水分

芝麻进入生殖生长期后,对水分的需求显著增加,现蕾至初花期日平均需水量为 1.28 米³/亩,初花 - 封顶期的日平均需水量为2.88米³/亩。当这一生育阶段中,日土壤提供的水分低于或高于这一数值,芝麻正常的生理活动就会被打乱。

（三）光照

芝麻是喜光作物,对光照较为敏感,生育过程中需要充足的光照,生育期日照时数需 600～700 小时。由于芝麻开花结蒴时间长,充足的阳光能加强光合作用,有助于营养物质的积累,满足开花结实的需要,使果多粒饱,有利于油分的形成。日照时数多少主要影响芝麻生育期间光合作用,间接影响产量。在芝麻生育期内日照时数与芝麻产量呈明显的正相关关系,而降雨天数与芝麻产量呈明显的负相关关系。阴雨寡照下,容易引起花粉发育不良,不能正常受精而引起落花落蕾,或受精不完全,造成单蒴籽粒数下降。

（四）密度

种植密度影响芝麻的生长发育时期。低密度植株可较高密度植株至少早 1 天进入花蕾期。种植密度过大,田间郁闭,通风透光困难,容易引起芝麻植株下部花、蕾脱落。芝麻单株蒴数不仅与株高有关,而且更取决于不同种植密度下,植株上的结蒴部位和结蒴密度,种植密度过大,下部节位蕾、花发育异常,容易落蕾落花,造成结蒴部位提高,随着种植密度的增加,结蒴部位和节间长度都有增加的趋势,蕾、花和蒴脱落数也有增加的趋势,而叶腋花数和蒴数有减少的变化趋势。一般单杆型品种合适的种植密度为 10 000 株/亩左右,分枝型品种为 8 000～10 000 株/亩。不同种植密度下芝麻的单株蒴数与单蒴粒数(见表 11),由此可见,随着种植密度的增加,芝麻单株蒴数与单蒴粒数都呈逐渐下降的变化趋势。

表 11   不同密度对芝麻单株蒴数与单蒴粒数的影响

密度 项 目	0.5 （万株/亩）	1.0 （万株/亩）	1.5 （万株/亩）	2.0 （万株/亩）	2.5 （万株/亩）	3.0 （万株/亩）
单株蒴数（个）	79.5	64.1	56.9	55.5	49.9	46.6
单蒴粒数（粒）	60.7	56.4	54.2	53.4	51.8	50.9

（五）播期

播期对芝麻生长发育的影响主要是光照时数和积温。当芝麻播期过晚,生长发育进入花蕾时,日照时数缩短,温度下降,不能保证芝麻花蕾发育所需的光照与积温,导致花蕾发育异常或不能发育,直接影响芝麻产量。夏芝麻正常的播种日期为6月10日之前。不同播种日期下芝麻的单株蒴数与单蒴粒数见表12,随着播种时期的推迟,都呈逐渐下降的变化趋势。

表12 不同播期对芝麻单株蒴数与单蒴粒数的影响

项 目 \ 日 期	5月31日	6月10日	6月20日	6月30日
单株蒴数(个)	70.8	68.4	55.5	40.2
单蒴粒数(粒)	60.9	58.3	55.1	44.0

(六) 养分异常

养分过多或过少都引起植株发育异常。苗期施氮肥过多,使得植株旺长,造成芝麻植株营养不平衡,导致现蕾期、开花期延后,落花落蒴严重。反之,苗期施氮肥过少,使得植株细长,造成芝麻植株营养不良,也会导致现蕾期、开花期提前或延后,落花落蒴严重。

二、防治措施

芝麻的生长发育与环境因素密切相关,周围环境的变化对其生长发育以及产量的形成有着较大的影响,芝麻生长发育与环境形成了一个统一的动态系统,在这个系统里进行着广泛的物质交换和能量转化。芝麻在漫长的系统发育过程中,适应了一定的生态环境条件,形成了一些基本的生长发育特性,如果因某些环境发生改变,如营养过量或缺乏、高温高湿、渍害等异常情况,芝麻的生长发育会表现出异常现象。对于花蒴期由异常的环境条件造成的影响,可通过采取以下几点措施加以防治:

1. 测土配方施肥 根据土壤质地,确定适宜的施肥量,出现缺肥症状,及时追施或叶面喷肥。

2. 确保芝麻生育期内水分的正常足量供应 根据不同生育时期对土壤湿度的要求,保证各生育期内土壤水分在合理范围之内,做到旱能浇、涝能排、无暗渍。

3. 在条件允许的情况下,采用春播地膜覆盖的种植方法 此方法既保证了芝麻苗期不受低温危害,还可避开开花结蒴期的高温高湿天气,并延长了芝麻生育期,提高了芝麻对光、温等资源的利用率,利于蒴果发育与籽粒形成。

4. 确定适宜的种植密度 在土壤肥力高的地块,密度可稍微降低,而在土壤肥力低的地块,应适当增加种植密度。

旺长与倒伏的原因分析与防治

芝麻旺长倒伏是指芝麻营养生长速度过快,导致茎秆延伸过快,节间过长,造成茎秆较细,叶色变浅,易在阴雨多的条件下,出现倒伏现象,从而造成产量降低,品质下降。

一、芝麻旺长的原因、危害与防治措施

(一)芝麻旺长的原因

1. **密度过大** 芝麻正常播种量为0.4~0.5千克/亩,精量播种为0.15~0.20千克/亩。群众受"有钱买种,无钱买苗"的意识影响,在芝麻播种时,有意加大播种量,导致苗稠、苗挤、间、定苗不及时,定苗时不按目标株距定苗,造成群体密度过大,个体弱,根系不发达。

2. **氮肥用量过多** 受小麦、玉米等大宗作物的影响,在种植芝麻时往往也采用"一炮轰"的施肥方式,造成氮肥施用量过大。若氮肥施用过多,易造成芝麻旺长,结蒴部位提高,节间延长,叶片厚而阔,芝麻抗倒伏能力下降。

3. **气候因素影响** 芝麻进入开花结蒴期,若遇持续的高温高湿天气,极易旺长。

(二)芝麻旺长的危害

1. **大量养分和水分的无效消耗** 因为芝麻现蕾前主要是营养生长阶段,现蕾后进入营养生长与生殖生长的并进阶段,此期是产量形成的关键时期。在土壤养分一定的情况下,营养生长消耗的养分多,则供给生殖生长的养分就少。

2. **容易倒伏** 因为田间郁闭,群体通风透光性差,茎秆较细,脆弱,始蒴部位高,茎壁薄,干物质积累少,根系发育差,主根入土浅,侧根发生少,总根量小。如遇强降雨伴随大风天气,上部雨水冲淋,加上风力作用,头重脚轻,根倒和茎倒将同时发生,损失惨重。

3. **容易诱发病害** 旺长芝麻田通风透光条件差,田间湿度大。加之夏季高温,易发生潮湿闷热的天气,芝麻叶部病害的发生极为有利,因此极易爆发白粉病、叶斑病、白绢病、枯萎病、茎点枯病等。

4. **产量降低** 芝麻旺长,节间长度增加,始蒴部位增加,有效结蒴果节数减少,并且旺长时营养物质主要供应营养生长,生殖生长所需养分不能满足,造成大量的落花落蒴现象,直接影响芝麻产量的提高。因此,充分认识芝麻旺长所带来的严重后果,了解掌握芝麻旺长的原因,采取有效技术措施,控制芝麻旺长,尽量避免和减轻灾害所造成的损失十分重要。

（三）防止旺长的措施

1. 合理密植　根据目标产量，地力水平，及时间苗、定苗。

2. 深耕断根，根部培土　深耕可以切断部分根系，减少植株吸收养分，抑制地上部分生长。同时深耕可以破碎坷垃，弥合裂缝，保温保墒，促进根系发育。通过深耕对芝麻根系进行培土，可增加芝麻根系入土深度，防止芝麻倒伏。

3. 控制氮肥用量　芝麻需肥量较小，一般全生育期需纯氮 6～8 千克/亩，一般 50% 的氮肥作底肥施入，出苗后，根据苗期长势确定是否施用追肥。对壮苗、旺苗及有旺长趋势的田块，一般不需要施肥，在苗期可适当控水蹲苗，防止旺长。

4. 化学调控　目前，生产上使用的主要是多效唑和壮丰安。壮丰安具有抗倒伏、抑旺长，改善后期植株养分状况，提高芝麻对高温高湿、干旱等逆境的抵抗力，增加千粒重等重要功能。对旺长或有旺长趋势的芝麻田可每亩用 50 毫升壮丰安对水 25～30 千克进行叶面喷施，可改善单株生长发育状况，降低果轴节间长度，增加茎杆弹性和硬度，增产效果显著。

二、芝麻倒伏的原因、倒伏种类与防止措施

（一）芝麻倒伏的原因

1. 密度过大　芝麻播种量大小直接影响幼苗强弱。当播种量过大时，易出现出苗时苗挤苗的现象，形成弱苗，若间、定苗不及时，在苗期就会发生倒伏。定苗过密，进入开花期后植株旺长，茎杆细弱，至开花结蒴期后，上部物质积累逐渐增多，造成头重脚轻的局面，若遇降雨或大风，容易发生倒伏。一般亩播量为以 0.5 千克，精量播种为 0.15～0.2 千克/亩。

2. 病虫危害　在芝麻生长过程中遭遇棉铃虫、大豆食心虫的危害，茎杆中空，遇大风或阴雨天气容易茎杆折断或倒伏。苗期发生立枯病，直接造成芝麻倒伏、缺苗断垄，后期发生茎点枯病和根腐病，如遇大风或阴雨天气，也易发生倒伏。

3. 品种特性　一些芝麻品种本身抗逆性不良，植株过高，茎杆脆弱，根系发育差，株型松散，茎杆木质疏松或茎杆韧性差，造成遇风易折断或倒伏。

（二）倒伏种类

倒伏可分茎倒和根倒两类。在芝麻整个生育期内，若遇阴雨大风天气，都有发生倒伏的可能，以在开花结蒴期最为常见。

1. 茎倒　茎杆发生不同角度的倾斜，在一定条件下还可恢复。

2. 根倒　大角度的倒伏，甚至平铺地面，而且不能恢复直立，对芝麻生长和产量影响最大。

（三）防止倒伏的措施

1. 在芝麻现蕾前倒伏　茎杆发生不同角度的倾斜，因植株较小，顶部不沉，并且植株自身恢复直立能力较强，可以不用人工扶起。若发生根倒，可人工扶起，扶起的方法是用手将植株竖立，一只脚将植株倾倒方向的反向一侧的土壤踩实，并另外取土对植株根部进行培土。

2. 开花结蒴期倒伏 此期植株高大,倒后株间相互叠压,难以恢复直立,直接影响通风透光和光合作用进行,并且倒伏后易受病虫害的侵袭,因此必须人工扶起,扶起时要早、慢、轻,结合培土进行。

3. 化学调控 在芝麻 4 对真叶前,喷施矮壮素或多效唑,可降低植株的结蒴部位,增加茎杆的粗度,有效预防芝麻生育后期的倒伏。矮壮素合适的喷施浓度为 0.25% ~ 0.4%,多效唑的使用方法是用 15% 多效唑 25 ~ 45 克,对水 50 千克,叶面喷施。化学调控最好选择在 2 ~ 3 对真叶期进行,效果较好。

4. 选用抗倒伏品种 在品种选择时,应选择结蒴部位低、节间长度短、茎杆韧度大、抗倒伏性强的芝麻品种。

第三章

芝麻低温冷害与防救策略

本章导读：本章针对不同生育时期、不同品种和不同地域发生的低温冷害,详细介绍并分析了低温冷害的发生及对芝麻不同生育时期形态结构和生理的影响;从选用耐低温品种、低温浸种预处理、浸种或拌种、播后地膜覆盖和其他提高抗寒性措施等方面,介绍了芝麻低温的危害与防救策略。

低温冷害是我国芝麻生产的一大威胁,在我国由于南冷北冻的频繁发生,损失巨大。因此,在我国低温冷害是影响芝麻生产持续稳定发展的重要灾害之一,也是限制芝麻产业发展的重要灾害之一。近年来,随着我国各地种植制度的改革,复种指数增加,晚熟高产品种得到推广应用,如遇低温年份,灾害的影响和造成的损失将更加突出。因此,加强对芝麻低温冷害发生规律及防救策略的研究,对芝麻产业的发展尤为重要。

第一节
低温冷害对芝麻生长发育的影响

一、芝麻的低温冷害

芝麻的低温冷害是指在芝麻生长发育季节里,由于气温下降到低于芝麻当时所处的生长发育期阶段的下限温度时,致使芝麻生理活动受到障碍,严重时可使芝麻生长发育受到危害,引起正在长叶或开花的植株遇到冷害时,造成大量落花、落蒴,使结实率下降,最终导致严重减产或颗粒无收。

(一)低温冷害对芝麻不同发育期的危害程度不同

一般情况下,在出苗期和生育后期对低温冷害抗御能力较强;而在生殖器官开始分化到开花、受精及灌浆初期对冷害最为敏感。当芝麻遭到冷害时,常造成芝麻体内细胞中具有生命的胞质环流减慢,并逐渐停止流动,致使养分的吸收和输送也因细胞质的停止流动而受到阻碍。如果低温冷害持续时间短,温度回升后,细胞内细胞质仍能恢复正常流动,并能继续正常的生长发育;如果低温持续时间比较长,芝麻就会因细胞质的停止流动而停止生长发育,也就是造成了低温冷害。低温危冷害的轻重程度取决于低温的强度、持续日数的长短及气温回暖的快慢。

(二)低温冷害对芝麻不同品种、不同区域的危害程度不同

北方品种的抗寒性优于南方品种;春芝麻、夏芝麻品种的抗寒性也不同。

二、芝麻低温冷害的类型

芝麻低温冷害的类型根据季节可以分为:春季低温冷害、夏季低温冷害和秋季低温冷害。具体影响如下:

1. 春季低温冷害　北方春芝麻等4月下旬、5月上中旬播种后持续低温发生烂种、死苗或僵苗不发。

2. 夏季低温冷害　芝麻夏季低温冷害以延迟型为主,延迟型冷害是指芝麻营养生长期,在较长时间内遭受持续性低温天气过程,导致生育期积温不足,使芝麻生理代谢缓慢、花期延迟,以致低温到来后,致使中上部蒴果不能成熟,从而导致芝麻减产。

3. 秋季低温冷害　秋季低温冷害常因光照短缺,影响光合物质的积累,导致花冠不张,传粉受精发生障碍,空秕率较大幅度提高,产量影响较大。秋季低温主要影响南方秋芝麻生产。

近些年,由于气候变暖的趋势比较明显,芝麻生产中基本没有发生大范围的严重延迟型低温冷害,但区域性和阶段性的低温冷害仍然时有发生,而且由于气候异常的事件增多,年内气温波动幅度加大,都使芝麻障碍型低温冷害有频繁和严重的趋势。

三、低温冷害对芝麻生长发育的影响

芝麻是对低温反应比较敏感的喜温作物,低温、寡照是芝麻生长缓慢、结蒴部位较高、秕籽率偏高的重要原因。大多数品种在低温(0～20℃)条件下,各个生理过程都或多或少受到干扰,其中光合作用受低温影响最大。在很多地区冷害是限制芝麻生产的因素之一。

（一）芝麻低温冷害经常发生于早春和晚秋

低温冷害芝麻的危害主要表现在种子萌发、苗期与籽粒成熟期。其中早春低温冷害主要危害东北、华北和西北春芝麻种植区域,晚秋低温冷害主要危害江西、云南等秋芝麻种植区芝麻的生长。

（二）芝麻低温冷害发生在种子萌发期的影响

低温冷害常延迟发芽,降低发芽率,诱发芝麻立枯病危害加重,造成缺苗断垄。苗期冷害主要表现为叶片失绿和萎蔫。春播芝麻在5月中下旬遭受低温冷害后,造成芝麻幼苗生长迟缓,严重时造成死苗或僵苗不发。

（三）芝麻低温冷害发生在营养生长期的影响

低温冷害主要影响叶片、茎秆和根系。温度低,出叶速度减慢,叶片小而少,总叶面积减少,单位叶面积的光合作用活性减弱,植株茎秆变细,单株根数较少,根长变短,影响养分的吸收。在生殖生长期间对温度高低反应比营养生长期敏感,严重影响生育速度的快慢,此期遇低温(16℃以下),将使花芽分化进程减缓,小孢子形成期和花粉母细胞减数分裂期受低温危害机会增多,开花显著延迟,花粉发育不正常,不育率增加。且随低温时间的延长而危害加剧;开花期温度在20℃以下,则延迟开花,或闭花不开,影响授粉受精,降低其结蒴率、结实率,造成籽粒空秕。

第二节
芝麻低温危害的防救策略

低温锻炼增加抗寒性是指植株幼苗或种子在较低温度下处理一段时间其成长后植株的抗寒性会增加。低温锻炼对提高芝麻的抗寒性具有一定的效果。据试验,在25℃中生长;黄瓜、番茄、芝麻经过低温锻炼,对冷害具有一定的抵抗作用,但这种保护仅限于低度至中等的低温胁迫的芝麻有效,如温度过低或低温时间持续过长,芝麻还是会死亡的。

一、选用耐低温品种

芝麻是一种喜温作物,在我国栽培种植范围较广,在东北、华北、西北等区域在芝麻播种前后,易发生低温冷害,导致芝麻出苗率下降,僵苗不发。因此,选择优良耐低温品种的是该区域芝麻生产能否高产的关键。

选择一个优良耐低温的芝麻品种,就能充分利用当地自然资源和生产条件,较大程度地克服常年易发生的病害,诸如芝麻立枯病、叶斑病、茎点枯病、倒伏、低温等一些生产中常见的障碍因素,为增产增收奠定基础。

选择适宜的优良耐低温品种的标准

☞ 应选择经过当地农业推广部门试验、示范的审定推广品种。芝麻品种区域性强,应选择抗低温、丰产性好、品质优良的芝麻新品种。

☞ 具有较好的稳产性。一个稳产品种,在不同地点,不同的年际间产量波动不大,它既能反映品种的丰产性,又是该品种对当地自然条件的适应性的体现。

☞ 熟期适宜。在无霜期短的地区,选择的品种要求在霜前5天以前正常生理成熟或达到目标性状要求。

☞ 抗病、抗逆性强。选择的芝麻品种要抗当地的主要病害,对当地经常发生的自然灾害,如干旱、低温等具有较强的抗逆性。尤其是在低温(10℃)条件下,选择具有种子活力高、可溶性糖、脯氨酸含量增加幅度大、丙二醛含量较低的品种更佳,如东北品种、河北品种等。

二、播前种子预处理（低温浸种预处理）

东北、西北芝麻生态区春季干旱，无霜期短，应适时早播，以充分利用当地有限的热量资源及土壤水分，争取保全苗。一般条件下，芝麻种子发芽的最低温度（5厘米日平均地温）为12℃；15℃左右时，种子发芽缓慢，出苗率低；温度达18℃以上时，种子就能正常发芽，出苗整齐。如春播抢时播种，在15℃的条件下播种，播种前应进行种子处理，并注意播种深度，方能确保一播全苗、苗齐、苗壮。

在低温条件下播种，应注重种子预处理。处理的方法主要包括几个方面：

（一）精选种子

先用粗筛对备播的种子过一遍，除去小粒种子；再通过人工筛选或挑选，将异色种子、石块等杂质等除去，保留饱满度好、大小均匀一致的种子，以提高芝麻种子出苗率，这是保证芝麻出苗后达到苗均、苗全、苗壮的主要因素。

（二）晒种

芝麻种子经过一冬天的储藏，其不同储藏部位的温度、湿度、透气性会有所差异，再加上种子常携带有立枯病、枯萎病、茎点枯病等病原菌，因此，为提高种子的发芽率和发芽整齐性，减少芝麻病害的发生和危害，在播种前一定要晒种。

> **晒种的方法**
>
> 选择晴朗无风的天气，把种子摊在干燥向阳的地上或席子上，连续晒 2~3 天，经常翻动种子，晒匀，白天晒，晚上收，防止受潮。经过晾晒后的种子，种皮通气性增强，发芽率提高，出苗率提高 10%~30%。同时，阳光中的紫外线可以杀死种皮表面的病原菌。

（三）低温浸种

经过低温处理的种子，在萌动过程中受到一定的低温锻炼，可以增强其抗低温能力。

> **低温浸种的方法**
>
> 用 10℃左右的凉水浸种 12~24 小时，捞出后放在 25℃左右的温室中，将种子放在湿麻袋（或湿布）上平堆 3~5 厘米厚，再盖上湿麻袋（或湿布），种子温度保持在 25℃左右，经 24 小时后即可露出胚根。在催芽过程中，应经常检查种子水分，以种层底部无积水、种皮表面有水膜为准，达不到此标准，可喷 25℃左右温水，边喷边拌匀。在催芽过程中，以种子释放出淡甜味为最好，如有异味，可立即用温水冲洗。此外，在催芽过程中，种子内部正进行着旺盛的新陈代谢作用，所以千万不要将种子堆成大堆，或装入袋子直接堆放在地上，或用塑料薄膜围盖，要经常翻动，以防造成种子受热不均和出现无氧呼吸，导致种子闷死或变质。

三、芝麻浸种或拌种

（一）低温保护剂浸种

植物低温保护剂是一种能增强作物幼苗对低温逆境抗御力的新型植物生长调节剂——植物低温保护剂（专利产品，专利号：9310148214），具有稳定膜结构，修复低温膜伤害，改善细胞的生理生化特性等多种功能，在黄瓜、番茄、油菜、棉花和小麦等多种作物上试验和示范表现出稳定、显著的效果。

浸种的方法

使用植物低温保护剂的药液浓度2%，种液等量，浸泡24小时，晾干即可播种。通过植物低温保护剂浸种，可使超氧化物歧化酶、过氧化物酶、过氧化氢酶活性比对照显著提高。丙二醛含量明显降低，表明酶结构被稳定活性提高，低温期的自由基不断被清除，提高了细胞在低温下的代谢机能，可使根和叶的脱氢酶活性同步升高，表明通过处理芝麻是以整体对低温逆境做出反应的。

（二）稀土拌种

稀土元素就是化学元素周期表中镧系元素。试验证明，稀土对芝麻有促进种子萌发，提高种子发芽率，促进幼苗生长，提高根冠比；可以提高芝麻的叶绿素含量，促进根系发育，增加根系对养分吸收，增强光合作用，增加产量和种子含油量等多方面的生理作用。除了以上主要作用外，还具有增强芝麻抗病、抗寒、抗旱的能力。

稀土拌种的方法

用稀土2~3克对水40毫升拌1千克种子，边喷边拌匀，随拌随播。通过稀土溶液浸种，可对芝麻种子萌发过程中脂肪的分解以及游离脂肪酸进一步转化成可溶性糖均有促进作用，促进发芽和根系发育，增强芝麻的新陈代谢机和抗低温能力，达到提高产量和改善品质的效果。

四、播后地膜覆盖

地膜覆盖是用塑料薄膜覆盖地面的一种栽培措施。20世纪60年代，地膜覆盖技术在日本、欧美等国家兴起，并得到普及。我国在1979年将该技术引进。在80年代以后，我国地膜覆盖的农田面积和推广区域不断扩大，栽培作物种类不断增加。

由于地膜具有透光性好，保温性强，不透水等特点，因此，在增温、保水、保肥、改善土壤理化性质,加速有机质的转化,提高土壤肥力,抑制杂草生长,促进根系发育,减轻病害,提高群体增产能力,增产增收等方面优势明显。

（一）地膜覆盖的作用

1. 提高地温　利用透明地膜覆盖,一般可使5厘米深表土层温度提高3~5℃。提高地温有利于早春芝麻发芽,促进根系生长。

2. 防旱、防涝、防返盐　在覆盖了地膜的畦面上,雨水顺膜流入畦沟而被排走,土壤水分一般不至于过分饱和。不降雨时,土壤下层的水分可自下向上垂直运转,畦沟中的水也可沿畦边向畦中部横向转移,供给植株吸收。天旱时,薄膜阻碍了土壤水分蒸发,有保水作用,可减少灌溉次数。盐碱地覆盖地膜,据测定,0~5厘米和5~10厘米土层全盐含量可以分别下降41.31%、2.24%。

3. 防土壤板结　在芝麻生长期,由于地膜覆盖使土壤表面减少了风吹雨淋及人工作业管理中的践踏,能使土壤保持较好的疏松状态,防止土壤板结。

4. 防养分流失　地膜覆盖后,土壤温湿度适宜,通透性好,土壤最高温度可达30℃以上,因此,土壤微生物增加,活性增强,可加速有机质分解和转化,促进土壤有益微生物的活动繁殖和有效养分转化,一般可省肥料用量1/3左右。由于地膜的阻隔,可防止雨水冲刷而造成土壤中氮素的淋溶流失,起到保肥作用。

5. 防病虫草害　薄膜的反光可驱除蚜虫,减轻病毒病。如芝麻地膜覆盖栽培,可以降低空气相对湿度,减轻芝麻叶斑病、枯萎病和茎点枯病的危害。紧贴地面覆盖的地膜,兼有除草作用。

6. 增产增收　地面盖膜后,土壤的水、肥、气、热条件得到改善,能加速芝麻生长发育过程和根系发达,如可使芝麻出苗提早2~3天,花期比露地延长7~8天收获,提高有效成蒴率,增加干物质产量,增产50%~75%,经济效益明显。

（二）芝麻地膜覆盖技术

地膜覆盖的方式依当地自然条件、作物种类、生产季节及栽培习惯不同而异。

1. 地膜覆盖的模式

（1）平畦覆盖　畦面平,有畦埂,畦宽1.00~1.65米,畦长依地块而定。播种前将地膜平铺畦面,四周用土压紧。主要是短期覆盖,其特点为覆盖时省工、容易浇水,但浇水后易造成畦面淤泥污染。覆盖初期有增温作用,仅限于播种期－出苗期。一般多用于北方、西北春芝麻早播,播种面积小时使用,多用于试验。

（2）起垄覆盖　整地与起垄为了充分发挥地膜栽培的除涝、防渍和防病效果,地膜芝麻必须实行垄作。畦面呈垄状,垄底宽50~85厘米,垄面宽30~50厘米,垄高10~15厘米。地膜覆盖于垄面上。垄距50~70厘米。每垄种植单行或双行芝麻。起垄覆盖受光较好,地温容易升高,也便于浇水,但旱区垄高不宜超过10厘米。

2. 地膜覆盖的方法　播种与覆膜地膜芝麻可采用条播或穴播（点播）。一般地膜栽培可先播种后盖膜,也可先盖膜然后打孔播种,但以先播种后盖膜较好。因为地膜芝麻播种较早,气温很低,地膜内温度高,宜于芝麻出苗。地膜芝麻所用地膜幅宽以70~130厘米为宜。

覆膜可使用机械或人工进行,但必须做到垄面平整,地膜与土面贴实,地膜封严,凡有孔洞处均应用土盖严。应及时破膜、放苗及间苗、定苗。地膜芝麻在 4 月底 5 月初播种的,一般 4~5 天可出苗。出苗后应及时破膜、放苗。春播地膜芝麻每亩适宜种植密度为 9 000 株左右,平均行距为 40 厘米时,株距为 15~19 厘米。如果是采用点播,可在点播时定好穴距;如果采用条播,可按株距破膜放苗。放苗时孔不宜太大,每孔放出二三棵苗即可。苗周围用土封实。如果芝麻苗出土后不能及时放苗,可先在地膜上刺孔放气,以减少或避免幼苗灼伤,但时间不可太长。地膜芝麻放苗后,长到 3 对真叶时即可定苗。

　　地膜芝麻草害的防治地膜覆盖后,膜内高温有强烈的抑草作用。但是,由于地膜春芝麻播种早,气温较低时,也会形成膜内杂草滋生的条件,尤其是地膜封闭不严或有破损、孔洞时,降低了膜内的升温、保温效果,更易造成膜内杂草的滋生。因此,地膜一定要封闭严实。同时,为了彻底防除草害,可以采用化学除草。

五、加强管理,提高抗寒性

　　提高植物抗低温性最根本的方法——培育耐低温品种(系),我们主要讨论利用栽培技术改善芝麻抗低温性的一些辅助措施。

(一)低温锻炼

　　即在芝麻幼苗在移到大田前,先降低温室温度,让幼苗逐渐适应低温环境,而不是突然降低温度,这样移到大田后其抗冷性较强,这是一条很有效的途径。实验表明,幼苗在移栽到大田之前先在低温下适应一段时间,可有效地提高抗性。经低温处理的植株,膜的不饱和脂肪酸含量增加,相变温度降低,透性稳定,三磷腺苷(ATP)含量增高,说明低温对代谢发生了深刻影响。

(二)化学诱导

　　目前,对化学药剂诱导植物提高抗寒能力已有许多研究。如 ABA(脱落酸)、$CaCl_2$(氯化钙)、聚乙烯醇、聚乙二醇、PP(百折服)、CCC(矮壮素)、TMTD(福美双)处理浸种或喷施苗的叶片,可提高植物抗寒性。用 2,4 - D、KCl(氯化钾) + NH_4NO_3(硝酸铵) + 硼酸喷于芝麻叶面也有保护其不受低温危害的效应。

(三)调节氮、磷、钾肥比例

　　在低温来临前合理施肥,磷、钾肥有利于糖转化,不施氮肥,以免消耗糖合成蛋白质,避免植株徒长,延迟休眠。

(四)及时灌溉

　　在低温来临前,提前灌水能提高芝麻的抗寒能力,可以避免芝麻受到低温的伤害。

第四章

芝麻高温干旱的危害与防救策略

本章导读：本章首先介绍了高温、干旱和高温干旱并发这三种自然灾害的发生原因、危害及类型，其次阐明了高温干旱对芝麻不同生育阶段植株不同部位的影响和芝麻对干旱适应性及抗旱能力田间表现，最后全面介绍了当前先进的芝麻抗旱防救策略，旨在使读者深入了解高温干旱的危害机制，掌握芝麻抗旱防救技术。

随着工业化、城镇化深入发展,全球气候变化影响加大,我国农田水利基础设施面临的形势更趋严峻,增强防灾减灾能力要求越来越迫切,强化水资源节约保护工作越来越繁重,加快扭转农业主要"靠天吃饭"局面任务越来越艰巨。就芝麻生产发展来看,由于全球气候变暖,导致极端异常气候经常出现,高温干旱等灾害的发生频率不断增高,危害范围不断扩大,灾害损失不断加重等恶劣因素,对芝麻生产带来的负面影响,这既暴露出我国农田水利等基础设施尚且十分薄弱的基本现实,也警醒了生产中必须加强对高温干旱危害的防救。

第一节
高温干旱对芝麻生长发育的影响

一、高温

高温胁迫引起植物的伤害称热害或高温害,指高温对植物生长发育和产量形成所造成的损害,一般是由于高温超过植物生长发育上限温度造成的。植物对高温胁迫的适应和抵抗能力称为抗热性。不同作物和同一作物的不同发育期的高温热害指标不同,一般把高温热害标准定为连续 3 天或 3 天以上日平均气温≥30℃,日最高气温≥35℃。高温热害主要阻碍光合作用正常进行,降低光合速率,使呼吸消耗量大大增强。高温还导致作物生长停滞、生育期缩短、开花授粉和结实受阻、灌浆期缩短、籽粒重下降、空蒴率上升,最终造成作物产量和品质下降,甚至绝收。

芝麻受高温危害后,会出现各种热害病征:茎秆干燥、裂开;叶片出现死斑,叶色变褐、变黄;蒴果烧伤,后来受伤处与健康处之间形成木栓,有时甚至整个蒴果死亡。高温对植物危害是复杂的、多方面的,归纳起来可分为间接伤害和直接伤害两个方面:

1. 间接伤害　间接伤害是指高温导致代谢的异常,渐渐使植物受害,其过程是缓慢的。高温持续时间越长或温度越高,伤害程度也越严重。

2. 直接伤害　直接伤害是高温直接影响细胞质的结构,在短期(几秒到半小时)高温后,当时或事后就迅速呈现热害症状。

二、干旱

干旱是指在当前的农业生产水平条件下,较长时段内因降水量比常年平均值特别偏少,影响农作物正常生长发育而造成损害的一种农业气象灾害。干旱通常分为大气干旱、土壤干旱和生理干旱三种。对农业生产的影响和危害程度与其发生季节、时间长短以及作物所处的生育期有关,轻者影响农作物正常生长发育,重者导致作物死亡,使农作物减产或绝收。

当植物耗水大于吸水时,植物体内即出现水分亏缺,水分过度亏缺的现象称为干旱。旱害指土壤水分缺乏或大气相对湿度过低对植物的危害。

(一) 水分胁迫程度

芝麻水分亏缺的程度可用水势和相对含水量来表示。将芝麻水分胁迫程度划分为如下三个等级:

1. 轻度胁迫　水势略降低零点几个兆帕;或相对含水量降低 8% ~10%。

2. 中度胁迫　水势下降稍多一些,但一般不超过 −1.2 ~ −1.5 兆帕;或相对含水量降低 10% ~20%。

3. 严重胁迫　水势下降超过 −1.5 兆帕或相对含水量降低 20% 以上。

(二) 干旱类型

根据引起水分亏缺的原因,可将干旱分为三种类型:

1. 大气干旱　高温、强光、大气相对湿度过低(10% ~20%),导致植物的蒸腾强烈,失水量大于根系的吸水量而造成植物体内严重水分亏缺,如我国西北等地就常有大气干旱的发生。

2. 土壤干旱　土壤干旱是指土壤中可利用水的缺乏,使植物根系吸水困难,体内水分亏缺严重,正常的生命活动受到干扰,生长缓慢或完全停止。土壤干旱比大气干旱破坏严重,我国西北、华北、东北等地常有发生。

3. 生理干旱　生理干旱指由于土壤温度过低、土壤溶液离子浓度过高(如盐碱土或施肥过多)或土壤缺氧(如土壤板结、积水过多等)或土壤存在毒物质等因素的影响,使根系正常的生理活动受到阻碍,不能吸水而使植物受旱的现象。

三、高温干旱

干旱期间伴随有超出常年的高温出现,高温加剧了干旱的危害,由此形成了高温干旱并发的严重逆境,对芝麻生长发育极为不利。此外,高温干旱往往还伴随着病虫害的多发等多种不利于芝麻健壮生长的逆境出现,严重影响芝麻产量。

高温干旱对植株影响的外观表现,最易直接观察到的是萎蔫,即因水分亏缺,细胞失去紧张度,叶片和茎的幼嫩部分出现下垂的现象。萎蔫可分为两种:暂时萎蔫和永久萎蔫。暂时萎蔫指芝麻根系吸水暂时供应不足,叶片或嫩茎会出现萎蔫,蒸腾下降,而根系供水充足时,芝麻植株又恢复成原状的现象。永久萎蔫是指土壤中已无芝麻植株利用的水,蒸腾作用降低亦不能使水分亏缺消除,表现为不可恢复的萎蔫。永久萎蔫与暂时萎蔫的根本差别在于前者原生质发生了严重脱水,引起了一系列生理生化变化。原生质脱水是旱害的核心,由此带来的植株生理生化变化从而伤害芝麻。高温干旱主要导致芝麻的生理特性发生改变。

四、高温干旱对芝麻生长的影响

（一）苗期高温干旱对营养生长的影响

芝麻苗期是指从出苗至现蕾，需一个月左右。这是芝麻的营养生长时期，由于芝麻幼苗生长缓慢，苗期易受苗荒、草荒及病虫危害，因此加强苗期管理，保证全苗、壮苗为后期花蕾期生长打下良好的基础，是增产、稳产的关键。

1. 根系　芝麻抗旱性是一种综合性适应机制，仅关注地上部分的反应很难揭示其抗旱性本质，所以关注根系的水分胁迫反应具有重要意义。芝麻根系对土壤水分变化极为敏感。研究普遍认为耐旱品种具有较强大的根系，根系上的化学信号可反映芝麻干旱情况。不同生长期或同一生长期的不同环境处理下，芝麻根系表现形态不完全一致，其主根长、总长度、总面积、总干重以及其根活力、吸收总面积等在不同干旱处理下具有广泛的遗传性。在受到干旱胁迫时，随着水分亏缺增大，芝麻根干重、根系吸收表面积、根伤流和根活力均呈显著的下降趋势。苗期干旱时，芝麻根系水势发生相应变化。当土壤含水量降到一定值时，根系水势降低，而脱落酸含量会大幅上升；芝麻根系相对含水量随干旱程度加重而减少，根系丙二醛含量和超氧化物歧化酶含量随干旱程度的加重而增加，且不同芝麻品种间表现形式不同。此外，芝麻受旱后其最重要的农艺性状指标——根冠比增大。

2. 茎、叶　叶片相对含水量是反映芝麻植株体内水分状况的重要指标。在受到干旱胁迫时，芝麻叶片、茎秆的生理反应变化较大，导致叶片生长速度减慢，茎秆延伸速度降低，且叶片和茎秆的干物质重均下降。干旱胁迫下芝麻叶片的相对含水量显著下降。与灌水处理相比，干旱处理的芝麻叶片叶绿素含量明显减少。同时，干旱对芝麻叶片的面积影响较大，干旱处理后芝麻不同部位的叶片均比灌水处理小。高温干旱时，芝麻叶面积变小，叶片相对电导率增大，叶温升高，叶绿素含量和比叶重都有所降低，并随着干旱胁迫加重，芝麻叶片的可溶性糖、游离脯氨酸、丙二醛含量和超氧化物歧化酶活性增强，并随着干旱胁迫的加强而升高。

（二）花期高温干旱对生殖生长的影响

芝麻花期是指从田间60%以上芝麻第一个花冠张开到田间60%以上芝麻停止开花的这段时期。其主要包括初花期、盛花期、封顶期、终花期，也是芝麻生殖生长的重要时期，由于芝麻花期生长迅速，易受高温、干旱及病虫草等危害，因此加强花期管理，保证花全、花壮，为蒴果发育和籽粒灌浆打下良好的基础，是增产、稳产的关键。

1. 花期干旱的影响　花期干旱胁迫对芝麻的影响大于苗期，尤其对芝麻株高、蒴果大小、每蒴粒数、单株种子干重和根系干重等性状影响较大。有研究表明，5个芝麻品种在花期干旱胁迫处理后13个产量性状值均表现不同程度下降，其中，对株高（74.08%~89.11%）、蒴果长（79.63%~91.08%）和单株种子干重（18.68%~49.70%）等性状影响明显，5个品种的株高、蒴果长和单株种子干重较对照的差异均达到显著或极显著水平；每蒴粒数（46.41%~78.81%）和根系干重（63.00%~83.72%）等性状较对照下降幅度较大，且较对照的差异大多达到显著或极显著水平。可见,花期干旱胁迫处理对芝麻株高、蒴果大小、每蒴粒数、单株种子干重和根系干重影响最大,品种间也存在较大差异。

2. 花期高温的影响　高温可对芝麻的生长发育产生显著影响。2013 年河南省农业科学院芝麻研究中心通过罩箱处理开展的花期高温胁迫试验研究结果发现(图 1):高温可显著增加芝麻落花落蒴数量,且在该试验条件下,高温胁迫对芝麻落花落蒴数量影响显著。与对照相比,高温对落花绝对数量的影响要大于落蒴数量,且随着温度的升高,影响程度增大。这表明,芝麻生育后期高温对花蒴数量影响显著,对产量形成十分不利。此外,高温胁迫还显著降低籽粒产量及其构成因素,减小功能叶的叶绿素含量和净光合速率,对芝麻生长较为不利。

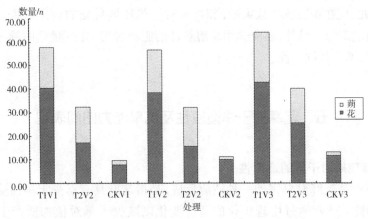

图 1　高温胁迫对芝麻落花落蒴的影响

(三)高温干旱对芝麻的影响和作物的抗旱性

1. 降低芝麻的各种生理过程

干旱时,气孔关闭,减弱了蒸腾降温作用,引起叶温的升高,使光合作用减弱并扰乱氮素和膜脂的代谢,从而损伤了细胞膜。当叶片失水过多时,原生质脱水,叶绿体受损伤和气孔关闭,抑制了光合作用,同时抑制叶绿素的形成。

2. 引起芝麻体内各部分水分的重新分配　干旱时,不同器官和不同组织间的水分,按各部位的水势大小重新分配。水势高的部位的水分流向水势低的部位。例如,幼叶在干旱时向老叶夺水,促使老叶死亡,以致减少有效光合面积。更重要的是当芝麻体内的水分不足时,胚胎组织细胞的水分就分配到成熟部位的细胞中去,芝麻落叶、落花、落蒴。

3. 水分不足能影响芝麻产品的品质　芝麻种子含油率降低,碘价变小,即饱和脂肪酸多使油质变劣。

(四)高温干旱与芝麻病害的关系

几乎所有大范围流行性、暴发性、毁灭性的芝麻重大病害的发生、发展和流行都与气象条件密切相关,或与气象灾害相伴发生,一旦遇到灾变气候,就会大面积发生流行成灾。降水是影响多数病菌侵染、繁殖、扩散的主导因子之一。气候变暖背景下降水变异导致的不同区域、时段的温度升高、降水减少等条件变化,对不同主产区芝麻病害的时段消长与成灾产生了显著影响。区域降水偏少、高温干旱对病虫害的影响较大。高温干旱有利于部分害虫的繁殖加快、种群数量增长,虫害泛滥是导致病害迅速传播的重要方面。由此带来了病害始发期提早,危害时间变长、程度加重、面积扩大等诸多问题。

芝麻受到高温干旱胁迫之后,由于土壤水分不足,植株根系生长不良,难以充分有效地吸收水肥,易出现植株地上部分生长势弱,叶片、茎秆发黄,严重时还会导致植株下部枝叶甚至整株缺水萎蔫、脱水脱肥现象;细胞生长受水分不均影响,植株体的生理状态差,极易被一些病菌感染。同时,在较干热的气候条件下,常有利于一些害虫的发育、滋生并侵害植株,最终造成旱灾影响及病虫危害并存的严重局面。

通常在干热环境下,对芝麻有危害作用的常见害虫是蚜虫、甜菜夜蛾、蓟马、粉虱等害虫,而对芝麻有危害作用的常见病害是病毒病、白粉病、立枯病、枯萎病等以及缺素症(生理性病害)。因此,应在积极抗旱减灾的同时,针对干热环境易见的病虫危害,做好芝麻田的病虫害综合防治工作。另外,还应选用易溶解性的肥料种类,并少量适时施用,以提高芝麻植株健壮程度,增强其抗病性。

五、芝麻对干旱适应性及抗旱能力田间表现

(一)芝麻前期对干旱的适应性

芝麻抗旱性是芝麻对旱害的一种适应反应,是指芝麻具有忍受干旱而受害最小,减产最少的一种特性。芝麻通过生理生化的适应变化以减少干旱对植株所产生的有害作用。芝麻适应和抵抗干旱的方式有三种,即逃旱性、御旱性、耐旱性。

(二)芝麻抗旱能力的田间表现

不同芝麻品种可通过不同形态特征适应干旱环境。总体而言,芝麻抗旱能力的田间表现主要有以下几个方面:

☞ 抗旱性强的芝麻品种,往往根系发达,而且伸入土层较深,深根量大,根冠比大,能更有效地利用土壤水分,特别是土壤深处的水分,并能保持水分平衡。

☞ 此外抗旱性强的芝麻,植株叶片细胞体积小,叶肉细胞排列紧密,可减少失水时细胞收缩产生的机械伤害。

☞ 维管束发达,疏导组织畅通,植株水分传导能力强,有利于植株吸水。

☞ 叶脉致密,单位面积气孔数目多,有利于加强蒸腾作用,便于植株吸水。

☞ 叶片表面角质化、蜡质化程度增加,有利于减少水分散失。

☞ 植株在受到干旱胁迫时叶片卷成筒状,以减少蒸腾作用损失。

芝麻抗旱技术措施

我国无论是北方还是南方芝麻主产区,均存在着季节性缺水现象,这类地区常在芝麻播种季节或某个生育阶段经常性地发生干旱,如不采取抗旱防救技术措施轻者减产,重者绝收。在这些地区可以采取的抗旱防救技术措施为:节水抗旱、化学抗旱、农艺栽培抗旱等技术。

一、节水抗旱技术

(一)节水灌溉技术

人工灌溉是最直接最有效的抗旱措施。在持续高温干旱且水资源紧缺的情况下,应尽可能采用节水灌溉方式:

1. 改良灌溉方式　田间地面灌水改土渠为防渗渠输水灌溉,可节水20%。推广宽畦改窄畦,长畦改短畦,长沟改短沟,控制田间灌水量,提高灌水的有效利用率,是节水灌溉的有效措施。

2. 推广新法灌溉

(1)管灌　管灌利用低压管道(埋没地下或铺设地面)将灌溉水直接输送到田间,常用的输水管多为硬塑管或软塑管。该技术具有投资少、节水、省工、节地和节省能耗等特点。与土渠输水灌溉相比管灌可省水30%~50%。

(2)微灌　微灌是将灌水加压、过滤,经各级管道和灌水器具灌水于作物根系附近,微灌属于局部灌溉,只湿润部分土壤,对芝麻较为适宜。包括微喷灌、滴灌、渗灌等。微灌与地面灌溉相比,可节水80%~85%。微灌与施肥结合,利用施肥器将可溶性的肥料随水施入芝麻根区,及时补充芝麻所需要水分和养分,增产效果好。

(3)喷灌　喷灌是将灌溉水加压,通过管道,由喷水嘴将水喷洒到灌溉土地上。喷灌是目前大田作物较理想的灌溉方式,与地面输水灌溉相比,喷灌能节水50%~60%。但喷灌所用管道需要压力高,设备投资较大,能耗较多,成本较高,适宜在经济条件好、生产水平较高的芝麻产区应用。

3. 关键时期灌水　在水资源紧缺的条件下,应选择芝麻一生中对水最敏感对产量影响最大的时期灌水,如芝麻的盛花期等。

(二)覆盖节水技术

覆盖节水技术可有效促进土壤微生物的活动,改善土壤的理化性状,促进团粒结构的形成,提高土壤有机质含量。同时对于防止水土流失和克服灌水困难,提高芝麻田保肥、保水能力有良好的效果,还可显著改善芝麻生存环境,提高芝麻产量,改善芝麻品质。覆盖节水技术主要包括秸秆覆盖技术和地膜覆盖技术。

1. 秸秆覆盖　秸秆覆盖是将作物秸秆粉碎,均匀地铺盖在芝麻行间,减少土壤水分蒸发,增加土壤蓄水量,起到保墒、保温、促根、抑草、培肥的作用。实际操作中,将作物秸秆整株或铡成3~5厘米的小段,均匀铺在芝麻行间和株间。覆盖量要适中,量过少起不到保墒增产作用;覆盖量过大,可能发生压苗、烧苗现象,并且影响芝麻播种。每亩覆盖量400千克左右,以盖严为准。秸秆覆盖还要掌握好覆盖期,此外覆盖前要先将秸秆翻晒,覆盖后要及时防虫除草。

2. 地膜覆盖　选用无色、透明、超薄塑料薄膜或用黑色不透明的塑料薄膜,铺膜前要浇好水,足墒播种,施足底肥,平整好土地。播种后用机械或人工铺膜,注意把膜面展平拉直,膜四周用土压实。地温回升后要及时打孔让幼苗出膜。先铺膜后定植的,定植后要封好定植穴。在干旱地区全生育期覆盖地膜,每亩可节水100~150米^3,增产效果显著。芝麻收获后,应及时回收残膜。

(三) 水肥耦合技术

水肥耦合技术就是根据不同水分条件,提倡灌溉与施肥在时间、数量和方式上合理配合,促进芝麻根系深扎,扩大根系在土壤中的吸水范围,多利用土壤深层储水,并提高芝麻的蒸腾和光合强度,减少土壤的无效蒸发,以提高降雨和灌溉水的利用效率,达到以水促肥,以肥调水,增加芝麻产量和改善品质的目的。

1. 技术原理　芝麻根系对水分和养分的吸收虽然是两个相对独立的过程,但水分和养分对于芝麻生长的作用却是相互制约的,无论是水分亏缺还是养分亏缺,对芝麻生长都有不利影响。这种水分和养分对芝麻生长作用相互制约和耦合的现象,称为水肥耦合效应。利用水肥耦合效应,合理施肥,达到"以肥调水"的目的,能提高芝麻的水分利用效率,增强抗旱性,促进芝麻对有限水资源的充分利用,充分挖掘自然降水的生产潜力。

不同水分胁迫条件下,水肥对芝麻的生长发育和生理特性有着不同的作用机制和效果。氮素的促进作用随水分胁迫的加剧慢慢减弱,在土壤严重缺水时甚至表现为负作用。这说明氮肥并不能完全补偿干旱带来的损失。因此,随干旱胁迫的加重应适当减少氮肥的用量。与氮肥相反,在严重水分亏缺条件下,磷肥能促进芝麻的生长,抵御干旱胁迫的伤害。氮、磷有很强的时效互补性和功能互补性,合理搭配能显著增产,达到高产、稳产和提高水分利用效率的目的。

通过对一定区域水肥产量效应的研究,同时预测底墒、降水量,就可以根据模型确定目标产量,拟定合理的施肥量,为"以水定产"和"以水定肥"提供依据,就可以在区域内"以肥调水"、"以水促肥"、"肥水协调",提高水分和肥料的利用效率,对大面积芝麻增产具有实际指导意义。但因为不同地区水量、热量、土壤肥力等条件不同,其肥水激励机制也存在明显差异。所以在某一区域建立的水肥耦合互馈效应模型,只能在相似地区适用,在另一地区用的效果则不理想或不适用。

2. 技术要点

（1）平衡施肥　平衡施肥是指芝麻必需的各种营养元素之间的均衡供应和调节，用以满足芝麻生长发育的需要，从而充分发挥芝麻生产潜力及肥料的利用效率，避免使用某一元素过量所造成的毒害或污染。

平衡施肥的技术要领

☞ 采集土样分析。

☞ 确定土壤肥力、基础产量。

☞ 确定最佳元素配比与最佳肥料施用量。

☞ 合理施用。

（2）有机肥、无机肥结合施用　有机肥与无机肥配合施用，能提高土壤调水能力，而且增产效果较好。但施用时应根据有机肥料和无机肥料种类的特点，适时、适量运用。使用中应考虑以下几点：

☞ 有机肥料含有改良土壤的重要物质，其形成腐殖质后，具有改善土壤结构和增进土壤保水、保肥能力的作用，能提高芝麻对土壤水分的利用率；化学肥料只能提供芝麻矿质养分，无改土作用，对中下等肥力土壤应尽量多施用有机肥料，并根据土壤矿质养分状况配合施用一定量化肥。

☞ 有机肥料在分解过程中会产生各种有机酸和碳酸，可促进土壤中一些难溶性磷养分转化成有效性养分，在一定程度上提高了土壤磷养分总量。因此，可以适当降低使用化肥磷量的标准。

☞ 有机肥料供肥时间长，肥效缓慢，化肥肥效快，两者具有互补性。因此，有机肥应适当早施，化肥则可根据芝麻需肥情况按需施肥。

☞ 在施用碳氮比比较高的有机肥（如秸秆还田）时，要适量增施氮肥，以防止芝麻脱氮早衰，避免产量下降。

3. 适用条件
水肥耦合效应与土壤状况、芝麻种植方式等密切相关，在不同的土壤条件下，水肥耦合关系也会不同。因此，使用水肥耦合技术时应根据当地具体情况，将灌水与施肥技术有机地结合起来，调控水分和养分的时空分布，从而达到以水促肥，以肥调水，进而使芝麻产量最高，经济效益最好。

4. 与其他节水措施的关联性
水肥耦合技术可以与各种田间灌水技术、节水高效灌溉制度以及其他农艺节水措施相结合，进行集成配套，形成节水、增产、增效的综合技术模式。

5. 使用成本
农户使用水肥耦合技术除灌水用电费和施用的肥料支出外，一般不需要增加额外的投入。

（四）保水剂的应用

保水剂使用的是高吸水性树脂，它是一种吸水能力特别强的功能高分子材料。无毒无害，反复释水、吸水，因此农业上人们把它比喻为"微型水库"。同时，它还能吸收肥料、农药、并缓慢释放,增加肥效、药效。

1. **保水剂的作用原理** 保水剂的吸水原理是高分子电解质分子链在水中酰胺基和(或)羧基团同性相斥,使分子链扩张力和由于交联点的限制分子链的扩张力相互作用而成的。以聚丙烯酰胺为例,保水剂会有大量酰胺和羧基亲水基团,其利用树脂内部离子和基团与水溶液相关成分的浓度之差产生的渗透压及高分子电解质与水的亲和力,可大量吸水直至浓度差消失为止。而控制保水剂达到令人满意吸水程度的是橡胶弹力。分子结构交联度越高,橡胶弹力越强,橡胶弹力和吸水力的平衡点即是其表观吸水能力。由于分子结构交联,分子网络所吸水分不能用一般物理方法挤出而起到保水作用。

由此,同样组成的聚合物交联度越低,吸水倍率相对越高,其保水性、稳定性和凝强度就越低,反之亦然。所以,国际上对于使用周期较长的保水剂自然要求较高的交联度,并不追求高吸水倍率和速率。以聚丙烯酰胺为例,其表观倍率并不高,吸水速率也依粒径不同差别很大,凝强度高的保水剂吸水后有一定形状,不易解体,利于土壤透气,吸放水可逆性好。因为保水剂一般掺入地下 5~15 厘米,故国际上现在更强调加压下的吸水倍率。依粒径不同,聚丙烯酰胺型吸纯水倍率为 150~300 倍。

2. **保水剂的分类** 目前国内外的保水剂共分为两大类,一类是丙烯酰胺-丙烯酸盐共聚交联物(聚丙烯酰胺、聚丙烯酸钠、聚丙烯酸钾、聚丙烯酸铵等);另一类是淀粉接枝丙烯酸盐共聚交联物(淀粉接枝丙烯酸盐)。

(1)**聚丙烯酰胺** 聚丙烯酰胺呈白色颗粒晶体状,主要成分为:丙烯酰胺 65%~66% + 丙烯酸钾 23%~24% + 水 8%~10% + 交联剂 0.5%~1.0%。在国际上,法国、德国、日本、美国和比利时等国所生产的保水剂大多属于这类成分的产品。该产品的特点是:使用周期和寿命较长,在土壤中的蓄水保墒能力可维持 4 年左右,但其吸水能力会逐年降低。据黄土区造林试验观察,使用该类保水剂造林后的当年,其吸水倍率维持在 100~120 倍,第二年吸水倍率降低20%~30%,第三年降低约 40%~50%,第四年降低更多。

(2)**聚丙烯酸钠** 聚丙烯酸钠为白色或浅灰色颗粒状晶体,主要成分有:聚丙烯酸钠 88%(其中含钠 24.5%) + 水 8%~10% + 交联剂 0.5%~1.0%。国内生产的保水剂大多是这种成分的产品。其主要特点是:吸水倍率高,吸水速度快,但保水性能只能保持 2 年有效。据造林试验观测,这类产品的吸水能力和吸水速率明显高于聚丙烯酰胺产品,在土壤中如遇充分给水,0.5~1.0 小时后可迅速吸收自重的 130~140 倍的水分;但第二年的吸水倍率要降低约 60% 左右。由于聚丙烯酸钠会造成土壤中钠离子含量的递增,林业和农业用保水剂的生产厂家大多改为生产聚丙烯酸钾或聚丙烯酸铵。

(3)**淀粉接枝丙烯酸盐** 淀粉接枝丙烯酸盐为白色或淡黄色颗粒状晶体,主要成分为:淀粉 18%~27% + 丙烯酸盐 62%~71% + 水 10% + 交联剂 0.5%~1.0%。这种产品在用于造林地蓄水保墒时,使用寿命一般只能维持 1 年多的时间,但吸水倍率和吸水速度等性状极佳。据对黄土浸提液的吸水对比试验,该类保水剂在遇水后的 15~20 分内即可吸收自重150~160 倍的水分。

3. **保水剂的特点**

(1)**无毒** 安全环保,无毒无味,不污染植物、土壤和地下水等。土壤保水剂和防水土流失剂到最终分解物为二氧化碳、水、氨态氮和钠/钾离子,无任何残留。

(2)保墒省水　可有效抑制水分蒸发,防止水土流失,即使在有灌溉的条件下,仍然可省水 50% 以上。

(3)改善土壤结构　使黏重土壤,漏水肥的沙土和次生盐碱土壤得以改良。同时促进土壤微生物发育,提高土壤有机物的周转利用效率。

(4)使用寿命长　集多种聚合物之特性,可反复吸水膨胀和释放收缩,在生产中使用寿命可达 6 年以上,是目前市场上使用寿命最长的土壤保湿产品。

(5)吸水速度快　一般自然水吸至饱和最长时间为 15 ~ 40 分钟,最快 0.4 分钟。

(6)水肥利用率高　土地保水剂在土壤中形成的"小水库"接受施肥,灌溉(或降雨)造成淋溶流失的微量元素减少 1/3,保护环境;当再次干旱时,吸足水的保水剂使周围的土壤保持潮湿,以供给植物根系水分。即使在沙漠地区和极端的干旱气候,在年降水量达 200 毫米时,也可种草植树。

(7)蓄水不烂根　吸足水的保水剂分子膨胀成为水凝胶晶体,即使紧靠植物根系也不会发生烂根现象。

(8)保水剂性能稳定　即使在极端的干旱条件下,保水剂也不会倒吸植物水分。

4. 保水剂的功能

(1)保水　保水剂不溶于水,但能吸收相当自身重量成百倍的水。保水剂可有效抑制水分蒸发。土壤中渗入保水剂后,在很大程度上抑制了水分蒸发,提高了土壤饱和含水量,降低了土壤的饱和导水率,从而减缓了土壤释放水的速度,减少了土壤水分的渗透和流失,达到保水的目的。还可以刺激芝麻根系生长和发育,使根的长度增加、条数增多,在干旱条件下保持较好长势。

(2)保肥　因为保水剂具有吸收和保蓄水分的作用,因此可将溶于水中的化肥,农药等芝麻生长所需要的营养物质固定其中,在一定程度上减少了可溶性养分的淋溶损失,达到了节水节肥,提高水肥利用率的效果。

(3)保温　保水剂具有良好的保温性能。施用保水剂之后,可利用吸收的水分保持部分白天光照产生的热能调节夜间温度,使得土壤昼夜温差减小。在沙壤土中混有 0.1% ~ 0.2% 保水剂,对 10 厘米土层的温度监测表明,对土温升降有缓冲作用,使昼夜温差减少为 11 ~ 13.5℃,而没有保水剂的土壤为 11 ~ 19.5℃。

(4)改善土壤结构　保水剂施入土壤中,随着吸水膨胀和失水收缩的规律性变化,可使周围土壤由紧实变为疏松,孔隙增大,从而在一定程度上改善土壤的通透状况。

5. 保水剂的使用　常用保水剂有无定型颗粒、粉末、细末,片状和纤维状,在国内使用的只有聚丙烯酰胺型的颗粒、粉末和细末。相对应的方法有拌土、拌种或包衣、蘸根。

拌土又可分为直接拌土和复配拌土,复配拌土又可引出喷播。直接拌土一般用于种树,采用原始粒径在 2 ~ 4 毫米,4 ~ 6 毫米的颗粒,以 0.1% 干重拌于有效根系周围。复配拌土既可采用上述颗粒,也可采用 0.85 ~ 2 毫米和粉末的 0.3 ~ 0.85 毫米两个粒径。喷播表层时采用粉末保水剂,喷播内层时最好采用 0.85 ~ 2 毫米颗粒,此规格保水剂有更好的保水性,更长寿命,更好的透气性。一旦遇高温干旱,土壤不易板结。0.1% 拌土可节水 50% ~ 70%,

节肥30%以上。

拌种和包衣可为芝麻种子提供一个小水库,使种子早发芽,有利于出苗和壮苗。

蘸根是简单的方法,把超过50目的保水剂细末放于溶有生根粉的水中搅拌20分,可减少脱水而缩短缓苗期,提高成活率15%~20%。

6. 保水剂使用的注意事项　当前,市场上的保水剂,无论从产地、品名、型号等方面都各不相同,在众多的保水剂中,如何选择一种成本低、效果好的产品,是每个用户都很关心的问题。

选用保水剂时应注意事项

☞ 保水剂的使用寿命在2年左右。

☞ 保水剂的吸水倍率通常在300以上,但是随着使用时间的增加,吸水倍率会减小。

☞ 以淀粉为主要原料的保水剂会自动降解,不会对环境造成危害,如果化学原料的就没有保障了。

二、化学抗旱

芝麻对逆境的适应受遗传特性和芝麻体内生理状况两种因素的制约,后者又与芝麻体内激素有着密切关系。利用生长调节剂等抗旱剂调节和控制芝麻的生长发育与生理生化过程,增强芝麻在水分胁迫下的适应能力,提高植株耐旱性,从而获得较好的产量,是目前较为广泛和有效的芝麻抗旱增产途径之一。

(一)化控方法的主要生理作用

☞ 促进芝麻根系的发育,增强根系的吸水和吸肥能力,特别是吸收土壤深层的水分和养分。

☞ 减小芝麻叶片的气孔开张度,增加气孔阻力,抑制叶面蒸腾,从而减少叶层水分散失,保持植株体内水分。

☞ 补充芝麻营养,从而增强植株的抗旱性。

☞ 通过抑制或增强芝麻植株内部的某些生理生化过程,以增强芝麻的抗旱性。

(二)抗旱剂的种类

抗旱剂是指施在土壤或作物上能减少蒸发或蒸腾或增强作物本身抗旱性的化学物质的总称,其合理应用是提高作物抗旱性和增加作物产量的一条有效、实用的技术途径,对芝麻抗旱增产有着积极的意义。近年来的研究表明,在生产上,应用抗旱剂能够显著提高芝麻的抗旱性,使芝麻在干旱条件下仍能保持正常的生长发育,获得较好的芝麻产量。近年来生产上研究应用得比较多的主要有以下种类:

1. 拌种剂　生物拌种剂含有丰富的细胞膜稳定剂,能使芝麻具有较强的抗旱性能,具有加快出苗,促进苗齐苗壮,增加绿叶面积和干物质积累,提高个体质量,增强植株抗倒伏性能,确保最大限度发挥芝麻自身生命活力,以抵抗逆境因子而达到增产的目的。

2. FA 旱地龙　FA 旱地龙是以黄腐酸为主要原料精制而成的多功能植物抗旱生长营养剂和植物抗蒸腾剂,能有效地缩小芝麻叶面气孔开张度,减少蒸腾,提高叶片相对含水量,促进根系发育,提高根系活力,增强根系对水、养分的吸收能力,提高叶绿素的含量和光合强度,促进养分的吸收和提高肥料利用率,增加细胞膜系统保护性关键酶超氧化物歧化酶、过氧化物酶、过氧化氢酶活性和脱落酸、脯氨酸的积累量,降低丙二醛含量和细胞液相对电导率,从而减轻膜脂的伤害,提高芝麻的抗旱性,增加芝麻产量。FA 旱地龙化学抗旱剂是一种有旱抗旱保产、无旱促进增产的理想药剂,属于居国际领先水平的多功能抗旱药物,是目前生产上广泛推广应用的主要抗旱剂之一。

3. 细胞分裂素和外源脱落酸　细胞分裂素通过调节内源激素水平,阻止水分胁迫下芝麻的光合速率、叶绿素含量和叶片水势的下降,提高 1,5 - 二磷酸核酮糖羧化酶、超氧化物歧化酶和过氧化氢酶活性,降低气孔阻力和丙二醛含量,从而减轻水分胁迫下活性氧对细胞膜的伤害,增强芝麻抗旱性。外源脱落酸主要通过调节内源激素而影响芝麻抗旱性,是植株体内在逆境条件下产生的主要适应调节物质。

4. ABT 生根粉　ABT 生根粉是一种广谱、高效、无毒的复合型植物生长调节剂,又称生根促进剂,其作用机制主要是加快种子萌发,促进种子根的显著伸长和叶面积的迅速扩大,有利于形成强大的次生根系,增强植株保水力,提高芝麻抗旱性,达到抗旱节水增产的效果。

5. 2,4 - D、乙烯利、多效唑和粉锈宁　水分胁迫条件下,施用 2,4 - D 和乙烯利改变芝麻体内代谢水平,影响物质合成、积累及转运等一系列生理生化过程,最终反映在生长的生物物理参数变化上,影响芝麻的生长发育。多效唑和粉锈宁能调节芝麻体的内源激素,抑制顶端生长优势和细胞伸长,促进根系大量生长,使植株抗旱性显著增强。

6. MFB 多功能抗旱剂　MFB 多功能抗旱剂是以天然甜菜碱为主要成分并经科学组配不同植物营养元素研制而成的一种非毒性渗透调节抗旱剂,其作用机制是能改善芝麻体内代谢,提高植株体的束缚水含量,维持较长的绿叶功能期,从而提高芝麻抗旱性,促进籽粒灌浆,增加芝麻产量。

7. 农林作物抗旱剂　农林作物抗旱剂是一种多功能生物降解型天然高分子聚合物,以玉米淀粉为主要原料,采用高新技术研制而成,具有三维空间网状结构,既能吸水吸肥,又能保水保肥。

8. MOC 抗旱剂　MOC 抗旱剂具有促根壮秆、抑制蒸腾、补充营养、调节植株内部某些生理生化过程,从而明显提高芝麻的耐旱性和产量,具备高效、无毒、低成本和易行等特点。

9. 多功能保水剂　多功能保水剂是一种含有植物生长素等的高分子吸水树脂,吸水能力达 400 ~ 1 200 倍,能在种子周围形成一个含植物生长素的"小蓄水库",为种子发芽生长提供必要的水分和生长物质。土壤保水剂能改善土壤结构,调节土壤水、热、气状况和供水能力,提高土壤肥力和对天然降水的保蓄能力,增强根系吸收合成能力,维持芝麻正常生理代谢及光合生产能力,提高抗旱性,最终增加芝麻产量。

10. 其他抗旱剂　能应用于芝麻的抗旱剂种类有很多,除上述外,还有茉莉酸甲酯、外源甜菜碱、外源活性氧清除剂、氯化钙、油菜素内酯、二苯基脲磺酸钙、旱宝 1 号、植抗 4 号、高吸水树脂、RE 包衣剂、钙赤合剂、乙醇胺、多效好、惠满丰、爱农、绿邦、788 诱导剂、EM、SA105、931、945 等。

三、农艺措施抗旱

(一) 改土抗旱

改土抗旱技术是应对高温干旱条件下的最重要的防旱抗旱措施,就是通过耕、耙、耱、锄、压等一整套有效的土壤耕作措施,改善土壤耕层结构,更好地纳蓄雨水,尽量减少土壤蒸发和其他非生产性的土壤水分消耗,为芝麻生长发育和高产稳产创造一个水、肥、气、热相协调的土壤环境。改土抗旱包括蓄墒、收墒、保墒三个方面,是干旱缺水地区防旱抗旱的重要措施。主要技术内容包括深耕蓄墒、耙耱保墒、镇压提墒、中耕保墒、深耕、深种和深锄等。同时,可采取选用抗旱良种、科学施肥、合理轮作等配套措施达到抗旱增产的目的。

1. 深耕蓄墒

(1) 深耕时间　适时深耕是蓄雨纳墒的关键,深耕的时间应根据农田水分收支状况决定,一般宜在伏天和早秋进行。

(2) 深耕深度　耕翻深度因耕翻工具、土壤等条件而异,应因地制宜,合理确定。一般耕深以 20~22 厘米为宜,有条件的地方可加深到 25~28 厘米,深松耕深度可至 30 厘米。

(3) 深耕后效　深耕有明显的后效,一般可达 2~3 年。因此,同一块地可每 2~3 年进行一次深耕。

2. 耙耱保墒　耙耱是在耕后土壤表面进行的一种耕作技术措施,耙耱的主要作用是使土块碎散,地面平整,造成耕作层上虚下实,以利保墒和作物出苗生长。

(1) 耙耱方法　耙耱可以破除地面板结,纳雨蓄墒。一般要反复进行多次耙耱,横耙、顺耙、斜耙交叉进行,耙耱连续作业,力求把土地耙透、耙平,形成"上虚下实"的耕作层,为适时一播全苗创造良好的土壤水分条件。进行深耕时必须边耕边耙耱,防止土壤跑墒。耙耱作业,可以破除板结,使表层疏松,减少土壤水分蒸发,增加通透性,提高地温,有利于芝麻适时播种和出苗。

(2) 耙耱深度　耙耱的深度因目的而异。耙耱灭茬的深度一般为 5~8 厘米,但耙茬播种的地,第一次耙地的深度至少 8~10 厘米。在播种前几天耙耱,其深度不宜超过播种深度,以免因水分丢失过多而影响种子萌发出苗。

3. 镇压提墒　镇压一般是在土壤墒情不足时采取的一种抗旱保墒措施。镇压后表层出现一层很薄的碎土时是采用镇压措施的最佳时期,土壤过干或过湿都不宜采用。土壤过干或在沙性很大的土壤上进行镇压,不仅压不实,反而会更疏松,容易引起风蚀;土壤湿度过大时镇压,容易压死耕层,造成土壤板结。此外,盐碱地镇压后容易返盐碱,也不宜镇压。

播前、播后镇压。播种前土壤墒情太差,表层干土层太厚,播种后种子不易发芽或发芽不好,尤其是芝麻这类小粒种子,不易与土壤紧密接触,得不到足够的水分时,就需要进行镇压,使土壤下层的水分沿毛细管移动到播种层上来,以利种子发芽出苗。

4. 中耕保墒 中耕是指在作物生育期间所进行的土壤耕作,如锄地、耪地、铲地、趟地等。

（1）中耕时间 中耕可在雨前、雨后、地干、地湿时进行,亦可根据田间杂草及芝麻生长情况确定。

（2）中耕深度 中耕的深度应根据作物根系生长情况而定。在幼苗期,作物苗小、根系浅,中耕过深容易动苗、埋苗;苗逐渐长大后,根向深处伸展,但还没有向四周延伸,因此,这时应进行深中耕,以铲断少量的根系,刺激大部分根系的生长发育;当芝麻根系横向延伸后,再深中耕,就会伤根过多,影响芝麻生长发育,特别是天气干旱时,易使芝麻凋萎,中耕又宜浅不宜深,因此,在长期生产实践中总结出"头遍浅,二遍深,三遍培土不伤根"的经验。

5. 其他配套技术

（1）要选用良种 因地制宜地选择抗旱良种,并做到适时播种。

（2）科学施肥 结合深耕,施足有机肥,亩增施农家肥 4.5 米^3 以上。根据土壤肥力状况和作物产量水平确定合理的施肥量及氮、磷、钾肥的比例。

（3）合理轮作。

（二）地面覆盖抗旱

地面覆盖是在芝麻田土壤表面覆盖作物秸秆或农用塑料薄膜等,来减少土壤水分的蒸发、调节土壤温度等的农业措施。地面覆盖保墒技术在我国有着悠久的应用历史,在抗旱生产中起着重要的作用。

1. 地面覆盖的作用

☞ 地膜覆盖可以涵养土壤水分,增加土壤水的储蓄量,抑制土壤水分的蒸发。

☞ 可以提高农田水分的利用率。

☞ 可以改善土壤物理性状,降低土壤容重,增加土壤孔隙度,从而提高土壤的蓄水保墒能力。

☞ 还抑制杂草的生长,减少土壤水分的消耗。

2. 地面覆盖抗旱措施 目前,应用较广的是采用作物秸秆覆盖和地膜覆盖技术。我国农业区秸秆丰富,大部分被用作燃料或者白白烧毁。近年来,随着农业科研的深入,秸秆用于农田覆盖已被广大农业生产者所接受,秸秆覆盖对蓄水保墒、培肥土壤、增产增质有着重要作用,是芝麻抗旱生产上既经济又实惠的农业生产技术。地膜覆盖栽培在芝麻生产上已发展成一项重要的生产技术,它比秸秆覆盖更具有保墒、节水效应,重要的是薄膜覆盖前要有较好的土壤墒情,同时要注意揭膜纳水。两种地面覆盖抗旱措施具体如下:

（1）机械化秸秆覆盖保墒 秸秆覆盖就是利用秸秆、干草、残茬、树叶等植物性物质覆盖在土壤表面。秸秆覆盖可以明显减少水分蒸发。经测试:1 米土层含水量,玉米地覆盖比不覆盖的高 0.37% ~ 4.45%;麦田高 0.79% ~ 2.24%。秸秆覆盖除了保墒以外,还有调节地温、培肥地力、改善土壤物理性状的作用。

机械化秸秆覆盖保墒技术,是采用机械作业将秸秆抛撒在地里或预备进行覆盖地表,其特点是生产效率高,作业质量好。

秸秆覆盖量多或少对覆盖效果有一定的影响,农作物的产量随着覆盖量的增加而增加,但秸秆覆盖的也不能过多,否则适得其反。覆盖材料为玉米秆,则适宜的覆盖量为6 000~7 500千克/公顷。

(2)机械化塑料膜覆盖保墒技术　地膜覆盖的保墒作用主要表现在覆盖后土壤水分与大气交换受到地膜的阻隔,有效地控制了土壤水分向大气蒸发。另外,由于地膜覆盖后,地表温度升高,在无重力水的情况下,由于土壤热梯度的差异,促使深层水分向上移动,起到提水贮墒于土壤上层的作用。

机械铺膜既要满足地膜覆盖栽培的农艺要求,又要与铺膜机的使用很好地结合,达到既满足农艺要求又发挥机械化作业的优势。机械铺膜的最基本的农艺要求是用地膜把加工好的含有一定量水的土壤(土床)包盖起来,要求展平、贴实、封严、固定牢靠。

(三)优化施肥抗旱

优化施肥抗旱技术是指通过对施肥时间、种类和结构的优化而达到抗旱目的的施肥技术。主要包括以下技术手段:

1. 增施有机肥　包括农家肥、绿肥、秸秆还田等,有机肥深施,肥效持久,具有明显的改土培肥的作用,能够全面调节土壤的水、肥、气、热状态,而且可以提高化肥肥效。同时增加土壤团粒结构,增大田间持水量,有机质有持水作用,可以增施有机肥,让有机质帮助土壤提高水分利用率,是节水抗旱的重要途径。

2. 增施磷、钾肥　磷肥促进早发根、快发根,提高抗旱能力,磷肥作底肥一次性施入。钾肥对作物的生长发育有多方面的作用,增施钾肥促进根系发达,茎秆粗壮。施钾能提高作物抗旱、抗寒和抗病能力及改善品质。

3. 化肥要深施　化肥深施利于作物吸收,避免烧种烧苗,适应农作物需求,也符合肥料的特性。生产实践证明,化肥合理深施可以减少肥料损失,提高化肥利用率,增强肥效,尤其干旱年份增产效果显著。

4. 要合理施肥　施肥要有个限度,要合理施肥,要适量,超过了这个限度,就是过量施肥,并不是施肥越多越好。芝麻产量的增加与肥料用量并不等比,尤其是化肥的过量使用不仅不会增加产量,还会直接影响食物安全,威胁人类健康和生态环境质量。

5. 推广深施种肥和播种一次完成的多用耕播机　使用免耕分施种肥多用耕播机,可实现深施肥与播种一次性完成,提高作业质量,确保全苗。

6. 喷洒叶面肥　叶面施肥是一种经济合理的施肥方式,其实叶面肥多数只是大量元素氮、磷、钾与微量元素锌、铜、锰、钼等混合溶解在水中,对改善作物品质和提高产量确有一定作用。叶面肥的种类繁多,使用叶面肥要有针对性,对症下药。为了与抗旱相结合,可以降低应用浓度,减少喷液量,增加追肥次数。

(四)选用抗旱性品种

同一作物不同品种的抗旱、耐旱能力差异较为显著。选用抗旱芝麻品种,利用品种对干旱环境的适应性,能有效提高对水分的利用率,同时能降低芝麻对水分的过分依赖,有效降低干旱对芝麻生产的影响,从而保证芝麻的产量品质。同芝麻品种的抗旱性不同,选用抗旱性强的品种是节水栽培的途径之一。

就一般情况而言,易发生旱灾地区对芝麻品种的选择,应选择耐旱高产的品种,即在遭遇干旱时,由于耐旱能力强,减产幅度小,产量比较稳定,在正常或多雨年份又有较大的增产潜力的品种。那些虽然抗旱稳产,但增产潜力不大的品种和那些产量大起大落,高产不抗旱的品种,均不适宜旱地种植。

生产实践表明,在非灌溉和干旱条件下抗旱品种的增产幅度为20% ~ 30% 。芝麻品种的抗旱性与稳产性有一定相关性,通常稳产性较好的品种,也表现出一定的抗旱性。郑芝系列、冀芝系列、晋芝系列等品种均有较好的抗旱性,可因地选用。

(五) 依据当地气候特点与芝麻生育时期, 择期播种

调整芝麻播期,使芝麻生育期耗水与降水相耦合,可以提高芝麻对降水的有效利用。尤其对于灌区,根据降雨季节变化特点,合理安排作物种植比例,可有效缓解用水矛盾。芝麻适时抢墒早播,可使芝麻种子能够充分利用前茬水分发芽扎根,实现保全苗、育壮苗。同时早播可利用前期气温偏低的气候条件,控制幼苗地上部分徒长,又可利用早夏干旱少雨的特点,促使芝麻根系向土壤深层伸展,促进芝麻根系发育,达到控上促下的蹲苗作用。

(六) 敏感期补水

敏感期补水技术是节水灌溉技术的一个重要组成部分。即用尽可能少的水的投入,取得尽可能多的农作物产出的一种灌溉模式,它是遵循芝麻生长发育需水机制进行的适时灌溉,又是把各种水的损失降低到最小限度的适量灌溉,包含着节水与高效的双重含义。它是把有限的灌溉水量在芝麻对水分最为敏感的生育时期内进行最优分配,以提高灌溉水向根层贮水的转化效率和光合产物向经济产量转化的效率,达到水分利用效率最大化的技术措施。敏感期补水技术一般不需要增加投入,只是根据芝麻生长发育的规律,对灌溉水进行时间上的优化分配,农民易于掌握,是一种投入少、效果显著的管理节水措施。因此,敏感期补水技术是当前农艺栽培抗旱技术的一项主要内容。

根据芝麻的生长发育规律及生产和实际需要,有目的地不充分供给水分,使芝麻经受水分胁迫,在特定时期限制某些方面的生长发育,达到节水又增产的调亏灌溉技术也将进入实用。今后,我国绝大多数灌区都将实施节水灌溉制度,在水资源紧缺的地区,非充分灌溉、限额灌溉等会有大规模的发展。芝麻生长发育的自然条件和农业耕作技术对节水高效灌溉制度有很大的影响,由于不同地区或不同年份的自然条件和农业技术有很大差异,所以,同一种品种在不同地区或不同年份的水分敏感期往往也是不同的,必须根据具体条件来确定。但一般来讲,芝麻营养生长与生殖生长并进的开花期对水分丰缺反应较为敏感,此期灌水,芝麻的水分利用率最高。

第五章

芝麻洪涝渍害与防救策略

本章导读：本章介绍了洪涝灾害的发生原因及特点和芝麻的耐渍涝能力，阐明了洪涝渍害对芝麻不同生育时期生长发育的影响，最后提出了洪涝渍害的针对性综合防救措施，旨在使读者深入了解洪涝渍害的危害机制，掌握芝麻洪涝渍害防救技术。

芝麻涝害是指土壤水分达到饱和时对芝麻正常生长发育所产生的危害。在芝麻主产区,由于自然降雨不均匀和粗放式灌溉造成的局部或短期涝害非常普遍,一些年份芝麻生长季节雨量过大、过于集中时,大面积涝害也时有发生。1949~1982年,34年间河南省芝麻主产区单产因涝害大减产的年份就达14年;湖北、安徽芝麻生产也因渍害使产量起伏较大,如1982年因降水量过多,平均产量均不足20千克/亩。涝害严重威胁着芝麻生产,涝害频繁是我国历年芝麻单产低而不稳的主要原因。因此,了解洪涝渍害的成因、特点和对芝麻生产的影响,掌握洪涝渍灾的防救措施,对于稳定发展芝麻生产具有重要意义。

第一节
洪涝渍害的成因及特点

一、洪涝渍害的成因及类型

涝害是因降水过多、土壤含水量过大,使作物生长受到损害的现象。

土壤含水量超过作物生长适宜含水量的上限,而田面未现出明水时,称为"渍";田面有积水时,称为"淹";降雨积水成灾,谓之"涝"。渍、淹、涝对作物生长所造成的危害,总称为涝害。这是阴雨连绵或集中暴雨,排水条件差,过多的雨水不能及时排走,滞留地面而形成的。地下水埋深浅,上层土壤极易蓄满,易形成渍涝,并伴有沼泽化和盐碱化现象。

(一) 生理因素

芝麻渍涝害首先表现在根系。芝麻的根属于直根系,由主根、侧根和细根组成。主根由种子萌发时的胚根直接延伸生长而成,基部粗壮,向下突然变细。侧根着生于主根基部,条数不多,长短和粗细差别很大。细根则着生于侧根基部,条数较多,呈细密状分布。每条根的尖端部分都密生很多细嫩的根毛,形成稠密而集中的根群。芝麻根系的发育与抗性有非常密切的关系,因为根系是芝麻最主要的吸收器官。芝麻生长发育所需要的水分和养料,绝大部分要靠根系从土壤中吸收,只有根系发育良好,活力强,才能保证其植株营养的充分供给,使植株生长健壮,增强其对不良环境的抵抗力。

芝麻现蕾后日生长量迅速,地上部分日生长量达5~7厘米,而芝麻根系浅,在初花期以后,芝麻根系生长特别迅速,在20天内基本形成,深度达115厘米左右,但大量的侧根和细根则一般分布在15厘米左右的土层内,而农田渍水恰恰表现在耕作层渍水,使根系处在缺氧或无氧的环境中,造成无氧呼吸产生大量有害物质,减少了根系对水分和矿质元素的吸收,容易变褐枯死,形成烂根。据研究,当芝麻受到涝渍威胁时,根系活力降低,伤流量下降,根系鲜重减少。

（二）气象因素

芝麻主要生育期在雨量比较集中的夏季,且降水量年际间变化较大,就河南省而言,年平均降水量670毫米,夏季降水集中,可达全年的70%,且多以暴雨出现;湖北省年均降水量1 166毫米,但因受季风气候影响,年内、年际之间的差别很大,年降雨多集中在5～8月,一般占全年的50%～70%;安徽省多年的平均降水量为883毫米,降水量的50%～80%都集中在6～9月;江西省多年平均降水量为1 638毫米,6、7月平均降水量可达300毫米左右,正是秋芝麻的播种期至苗期。据气象报告分析,我国芝麻主产区,在芝麻苗期至初花期,旬降水量大于150毫米,盛花期至收获期的旬降水量大于300毫米,均可造成渍涝灾害。由于我国整体气候条件受东南季风气候影响,在芝麻的整个生育期内,都有可能遭受洪涝灾害的影响,造成芝麻产量的不同程度减产,遇到极端年份,多雨天气甚至可以导致芝麻绝收。

（三）地理因素

降水、地表水、地下水和土壤水等是农田渍涝形成的直接动力,地下水位随着降水量的增加而增高,特别是连续降雨的情况下,降水入渗补给地下水量极为明显。我国芝麻主产区正处于暖温带向北温带过渡地区,由于降水分布十分不均匀,60%的降雨集中在6～9月,且暴雨、连阴雨较多,加之地势低洼,区域内土壤母质黏重、有机质含量低、干时板结、干裂,湿时膨胀泥泞,蓄水保水能力差,透水性差,降水一旦稍多,就会造成土壤饱和,土壤过湿,形成渍涝。另外,由于部分芝麻种植在较为劣等的地块、边角地块,地形高洼不平,无排灌条件,排水状况不良,也极易造成洪涝灾害的发生。

二、芝麻的耐渍涝能力

芝麻是我国重要的油料作物之一,也是世界范围内广泛栽培和利用的优质油料和特色经济作物。但芝麻对渍害极为敏感,渍害易引起芝麻植株萎蔫甚至死亡,同时可诱导或加重茎点枯病、枯萎病等病害的发生,导致芝麻产量大幅度减少和品质下降,严重危害我国芝麻生产。芝麻对渍害胁迫最敏感的时期为盛花期。黄淮、江淮和长江流域的河南、湖北、安徽和江西等芝麻主产区在6～8月降水量较为集中,此时正值芝麻花期,容易发生渍害,一般会造成芝麻减产15%～30%,严重时减产达50%～90%,甚至绝收。近年来,由于气候变化异常,芝麻主产区内的芝麻在生育期内渍害发生频繁,并表现出多个生育阶段皆有渍害发生且危害较重的特点,严重挫伤了农民种植的积极性,导致芝麻种植面积进一步萎缩,总产量大幅度下降。

不同来源品种对渍害胁迫的反应是有一定差异的,不同区域的品种在平均正常株率和平均渍害产量方面存在较大差异,自黄河以北(包括辽宁、山西和河北)至河南地区再到长江流域(包括湖北、安徽和江苏),渍害胁迫后出现品种平均正常株率和渍害产量分别依次增加,而渍害减产率依次降低的趋势。芝麻对渍害的敏感性或耐渍性表现为复杂的数量性状,它不仅受多基因调控,还受外部环境的影响,芝麻渍害胁迫后的生长受到抑制,后续效应持续到生长后期。

三、渍害土壤生产力与施肥效应

土壤是岩石圈表面的疏松表层,是陆生植物生活的基质和赖以生存的物质基础,人类耕作、劳动的对象。土壤生产力是指特定地区土壤在一定管理方式下生产某种作物或一系列作物的水平,是土壤产出农产品的能力,是由一系列土壤物理化学性质构成的综合体。土壤生产力取决于作物根系深度、土壤耕作层厚度、土壤有效含水量、植物养分储存、地表径流、土壤耕性和土壤有机碳等多种因素。

土壤中某一肥力因子达到一定水平时,对土壤肥力的贡献就达到最大,不会无限地对当季作物发挥土壤的潜在肥力,即肥力因子存在着上限值。土壤肥力综合指标值评估发现,渍害类型土壤其土壤潜在肥力较高,只要在疏通沟渠,降低地下水位的条件下,改善土壤的通气状况,就能充分发挥土壤潜能,提高作物产量。渍害土壤不施肥或不施氮肥则无法获得高产。芝麻生长期间雨水较多,常受到一定程度的涝渍灾害影响,产量就要偏低,同时降水较多和夏季温度较高都有可能导致氮素损失增多,因此,多种因素导致芝麻对氮肥利用率偏低。受到渍害的土壤在及时排出多余水分的同时,也将会带走大量的营养元素,因此,对于渍害土壤应及时地补充氮、磷、钾肥及多种微量元素,是保证土壤养分含量、芝麻植株生长恢复的重要措施。

第二节
洪涝渍害对芝麻生长发育的影响

一、不同芝麻品种幼苗期生长对湿涝胁迫的响应

芝麻是对湿害敏感的作物,其耐湿性评价是芝麻遗传改良的重要内容。

根据对芝麻种子发芽期进行淹水处理,分析相关指标的反应特点,拟探索和建立一种快速有效的芝麻发芽期耐湿性评价方法,用于耐湿种质鉴定,对我国部分芝麻核心种质、高代品系和育成品种共 222 份材料淹水处理 9 小时,以相对成苗率为评价指标,分析其发芽期耐湿性遗传差异。结果表明,222 份材料的相对成苗率平均为 35.57%,变幅为 0 ~ 94.19%,变异系数为 65.94%,说明这些材料芽期耐湿性存在较为广泛的变异。从相对成苗率的分布可以看出,222 份材料的发芽期相对成苗率呈偏态分布,相对成苗率在 10% ~ 20% 的最多,以后随着相对值的增加,芝麻材料份数逐渐减少。

根据作物耐湿性等级划分方法及芝麻种质资源耐湿性鉴定结果,芝麻发芽期耐湿性划分5个等级:高耐(相对成苗率≥80%),耐湿(60%≤相对成苗率<80%),中耐(40%≤相对成苗率<60%),不耐(20%≤相对成苗率<40%),极不耐(相对成苗率<20%)。依此标准,222份材料发芽期耐湿性表现为极不耐的最多,共有70份,占全部材料的31.53%;其次为不耐的材料,有69份,占31.08%;中耐的材料有43份,占19.37%;耐湿的材料有28份,占12.61%;高耐的材料有12份,占全部材料的5.40%。研究显示筛选耐湿性材料、培育耐湿性品种是可行的,但多数材料对湿害敏感,表现耐湿或高耐湿的有40份,其中高耐湿的仅占5.4%,表明我国芝麻种质资源缺乏高耐湿类型,这与生产实践一致。今后还要加大对高抗耐湿性的芝麻品种鉴定和选育。

二、中后期洪涝渍害对芝麻产量品质的影响

渍涝害发生后芝麻整体表现为植株矮小,生长缓慢。渍涝害形成后,根系在明水与暗渍的共同胁迫下,通风透气不畅,发育不良,更易感染繁殖速度快的多种病菌,使根系的数量和根系的重量都明显低于正常植株,并且根系在土壤中分布范围减小,吸收养分及抗倒伏能力都会减弱。据研究表明,渍涝害发生以后芝麻易早衰,日生长量减少,株高降低,心叶易出现缺铁性黄化,并出现叶缘卷曲和褐色斑点,当连续淹水后,植株对淹水敏感度下降,且经历早期淹水驯化对其后期淹水下的营养生长有促进作用。盛花后期淹水时,叶片黄化症大大减轻,但相对生物量下降明显,然后有所恢复。芝麻生长前期受渍害后,枯萎病发生严重,死病株率较高;芝麻生长后期受渍害影响是茎点枯病发生的高峰时期。芝麻受渍害后死病株率出现两个高峰期,分别是定苗至开花期,封顶期至成熟期,因此初花期和灌浆期是预防芝麻渍涝害的关键时期。

中后期受到洪涝渍害的芝麻单株结蒴数、每蒴粒数、单株千粒重、单株产量均较正常生长的芝麻有不同程度的降低,并且随着淹水时间的延长,下降的幅度增大;渍害的芝麻单株秕粒率较正常生长的芝麻升高,并且随着淹水时间的延长,单株秕粒率升高的幅度也增大。

第三节
洪涝渍害的防救策略

一、改善农田排灌条件

建立渍涝灾害的预警和预报系统;加强水利工程建设,特别是要搞好田间排水工程,遇

到较大的降雨时,能及时排出由于暴雨产生的地面积水,使田间无积水,并在积水消退后及时将地下水位调控到适当的深度。尽量缩短渍涝时间,渍涝共存地区可利用沟网、暗管、鼠道、泵站等几种工程措施相结合。在田间修筑沟渠,大中小沟兼备,做到渠渠相连,沟沟相通;当雨季不需灌溉时,为防止降雨引起的渍害问题,可在田间打鼠道、修建暗管,以提高抗涝防渍能力。

二、改平播为起垄种植

平播芝麻是一种常见的传统的芝麻种植方式,它最大的弊端在于一旦发生洪涝灾害,田间积水和土壤水分不能及时有效的排出,从而导致芝麻受到严重的渍害,影响芝麻产量,严重时甚至绝收。因而需要采取一些新的耕作方法和栽培模式,采用起垄或沟厢种植,能够创造一个良好的芝麻根部通气条件,是一种预防渍害的好方法。沟垄或沟厢种植能使田间既能排明水,又能滤暗渍,调解土壤水气矛盾,也有利于通风透光,涝后易排水,其根基覆土有利于近地表次生根发生,有利于植株生长发育。沟垄种植一般是采用条播,平均行距40厘米或宽窄行种植,宽行50厘米,窄行30厘米。在芝麻生长到3~4对真叶时,在宽行开沟,向两边覆土形成沟垄;沟厢种植一般厢宽1.5~2米,厢沟宽30厘米左右,沟深应深于耕层。

三、防救策略

(一)及早排除田间积水

尽快及早排出地面积水。对无沟田块要抢先人工开挖简易沟,迅速排除田面积水;对有沟但不通的要组织开通沟头,理清沟底;对田外沟较浅的要组织清理加深,确保排水畅通,根据地形在田间挖设排水沟进行自流排水,地势低洼的地方要四周筑起"防水墙",利用水泵进行机械排水,确保24小时以内将地表明水,耕层渍水排出田间。机械排水与自流排水相结合,挖设排水沟,才能把田间积水和耕层渍水尽快排出。

(二)增施追肥

及时追肥,一般施用尿素5~8千克/亩,以补充土壤中的养分含量,增强作物的抗渍能力。肥料追施种类以氮肥、钾肥为主,配合使用一定量的磷肥,施肥量应超过常规的作物旺盛生长期的追肥量,追肥方法以穴施或开沟施肥为好;配合土壤追肥还可以进行叶面喷施微肥,喷肥方法为雨后田间积水排除后用1%~2%尿素溶液和0.2%~0.4%磷酸二氢钾或5%草木灰溶液,喷施剂量一般为30~40千克/亩,同时可使用40%多菌灵悬浮剂700倍液和40%氧化乐果1 000~1 500倍液喷雾,喷施在芝麻茎、叶表面,对灾后芝麻病虫害进行预防,隔4~7天后再次喷施叶面肥1次,连续喷施2~3次。

（三）中耕松土散墒、增温

渍后松土并结合施肥,能起到促苗增蒴的作用,由于初次中耕湿度大,要扯泥条浅锄,锄成泥块,立于田面而不打碎推平,以利散墒通气,当土块散堡易碎时,再进行精细中耕,以利于通气增温。松土能破除板结,使土壤疏松透气,但中耕不宜太深,以免伤及根系太多,影响芝麻恢复生长,同时中耕要与培土相结合,做好埋根、防倒工作。

（四）防病治虫

涝渍灾害后芝麻病害较多,主要是枯萎病、青枯病、茎点枯病、叶斑病和细菌性角斑病。具体防治方法是:每亩每次用绿亨 3 号 40 克 + 雷力极可善 50 克 + 水 50 千克,或绿亨 6 号 40 克 + 甲基硫菌灵可湿性粉剂 50 克 + 水 50 千克以喷茎杆为主,5~7 天喷 1 次,连喷 2~3 次,可有效防治上述病害。其次防治蟋蟀。蟋蟀啃破芝麻基部茎皮,导致发病。每亩用 0.15 千克 90% 晶体敌百虫加 1 千克热水溶化后,均匀喷在 5 千克炒香的麸皮上,于傍晚撒于田间诱杀。

第六章

冰雹对芝麻的危害与防救策略

本章导读： 本章介绍了冰雹的发生原因、发生特点和我国冰雹灾害的地理分布特点、时间分布特点和受灾体特点，分析了冰雹灾害对农业的影响，并提出了五方面的农业生产防灾抗灾措施。旨在使读者深入了解冰雹灾害的危害机制，掌握针对芝麻遭遇冰雹灾害的防灾减灾策略。

冰雹灾害发生的地区范围虽然较霜冻害、旱害和涝害等灾害小，但对发生的地区却往往是比较严重的灾害，它不仅使农、林、牧等生产遭受极大损失，甚至绝收，而且严重的雹灾会造成人畜伤亡和房屋倒塌。因此，掌握冰雹的成因、活动规律及防御和补救的方法，对争取芝麻丰收有着重要的意义。

冰雹的成因及特点

冰雹是坚硬的球状、锥状或形状不规则的固态降水。人们常称为"雹"，俗称"雹子"，有的地区叫"冷子"，冰雹其状小如绿豆、黄豆，大似栗子、鸡蛋，特大的比柚子还大，夏季或春夏之交最为常见，冰雹灾害是由强对流天气系统引发而产生冰雹的一种剧烈的气象灾害，它出现的范围虽然较小，时间也比较短促，但来势猛、强度大，并常常伴随着狂风、强降水、急剧降温等阵发性灾害性天气过程。中国是冰雹灾害频繁发生的国家，除广东、湖南、湖北、福建、江西等省冰雹较少外，各地每年都会受到不同程度的雹灾。尤其是北方的山区及丘陵地区，地形复杂，天气多变，冰雹多，受害重，对农业危害很大，猛烈的冰雹打毁庄稼，损坏房屋，人被砸伤、牲畜被打死的情况也常常发生，每年都给农业、建筑、通信、电力、交通以及人民生命财产带来巨大损失（图2、图3）。据有关资料统计，我国每年因冰雹所造成的经济损失达几亿元甚至几十亿元，因此，雹灾是我国严重灾害之一。

图2　冰雹

图3　冰雹预警图释

因此，我们有必要了解冰雹灾害时空动荡格局以及冰雹灾害所造成的损失情况，从而更好地防治冰雹灾害，减少经济损失。

一、冰雹的成因

冰雹和雨、雪一样都是从云里掉下来的。不过下冰雹的云是一种发展十分强盛的积雨云,而且只有发展特别旺盛的积雨云才可能降冰雹。

大气中有各种不同形式的空气运动,形成了不同形态的云。因对流运动而形成的云有淡积云、浓积云和积雨云等。人们把它们统称为积状云。它们都是一块块孤立向上发展的云块,因为在对流运动中有上升运动和下沉运动,往往在上升气流区形成了云块,而在下沉气流区就成了云的间隙,有时可见蓝天。

积状云因对流强弱不同而形成各种不同云状,它们的云体大小悬殊。如果云内对流运动很弱,上升气流达不到凝结高度,就不会形成云,只有干对流。如果对流较强,可以发展形成浓积云,浓积云的顶部像椰菜,由许多轮廓清晰的凸起云泡构成,云厚可以达 4～5 千米。如果对流运动很猛烈,就可以形成积雨云,云底黑沉沉,云顶发展很高,可达 10 千米左右,云顶边缘变得模糊起来,云顶还常扩展开来,形成砧状。一般积雨云可能产生雷阵雨,而只有发展特别强盛的积雨云,云体十分高大,云中有强烈的上升气体,云内有充沛的水分,才会产生冰雹,这种云通常也称为冰雹云。

冰雹云是由水滴、冰晶和雪花组成的。一般为三层:最下面一层温度在 0℃ 以上,由水滴组成;中间温度为 0～20℃,由过冷却水滴、冰晶和雪花组成;最上面一层温度在 -20℃ 以下,基本上由冰晶和雪花组成。

在冰雹云中气流是很强盛的,通常在云的前进方向,有一股十分强大的上升气流从云底进入又从云的上部流出。还有一股下沉气流从云后方中层流入,从云底流出。这里也就是通常出现冰雹的降水区。这两股有组织上升与下沉气流与环境气流连通,所以一般强雹云中气流结构比较持续。强烈的上升气流不仅给雹云输送了充分的水汽,并且支撑冰雹粒子停留在云中,使它长到相当大才降落下来。

二、冰雹的特点

冰雹的特征

☞ 局地性强,每次冰雹的影响范围一般宽几十米到数千米,长数百米到十多千米。

☞ 历时短,一次狂风暴雨或降雹时间一般只有 2～10 分,少数在 30 分以上。

☞ 受地形影响显著,地形越复杂,冰雹越易发生。

(一) 我国冰雹灾害的地理分布特点

冰雹活动不仅与天气系统有关,而且受地形、地貌的影响也很大。我国地域辽阔,地形复杂,地貌差异也很大,而且我国有世界上最大的高原,使大气环流也变得复杂了。因此,我国冰雹天气波及范围大,冰雹灾害地域广,冰雹灾害每次受灾的程度级别不同,可以分为1~7级(图4)。根据有关资料对中国冰雹灾害的空间格局进行对比分析,有下述四方面的认识。

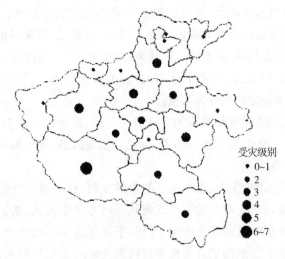

受灾级别
· 0~1
· 2
● 3
● 4
● 5
● 6~7

图4 河南省冰雹灾害空间分布

1. 雹灾波及范围广

虽然冰雹灾害是一个小尺度的灾害事件,但是我国大部分地区有冰雹灾害,几乎全部的省份都或多或少地有冰雹成灾的记录,受灾的县数接近全国县数的一半,这充分说明了冰雹灾害的分布相当广泛。

2. 冰雹灾害分布的离散性强

大多数降雹落点为个别县、区。

3. 冰雹灾害分布的局地性明显

冰雹灾害多发生在某些特定的地段,特别是青藏高原以东的山前地段和农业区域,这与冰雹灾害形成的条件密切相关。

4. 中国冰雹灾害的总体分布格局

中东部多,西部少,空间分布呈现一区域、两条带、七个中心的格局。

其中一区域是指包括我国长江以北、燕山一线以南、青藏高原以东的地区,是中国雹灾的多发区;两条带指中国第一级阶梯外缘雹灾多发带(特别是以东地区)和第二级阶梯东缘及以东地区雹灾多发带,是中国多雹灾带;七个中心指散布在两个多雹带中的若干雹灾多发中心:东北高值区、华北高值区、鄂豫高值区、南岭高值区、川东鄂西湘西高值区、甘青东高值区、喀什阿克苏高值区。

(二)我国冰雹灾害的时间分布特点

总体来说,中国冰雹灾害的时间分布是十分广泛的。尽管一日之内任何时间均有降雹,但是在全国各个地区都有一个相对集中的降雹时段。有关资料分析表明,我国大部分地区降雹时间70%集中在地方时 13～19 时,以 14～16 时之间为最多。湖南西部、四川盆地、湖北西部一带降雹多集中在夜间,青藏高原上的一些地方多在中午降雹。另外,我国各地降雹也有明显的月份变化,其变化和大气环流的月变化及季风气候特点相一致,降雹区是随着南支急流的北移而北移,而且各个地区降雹的到来要比雨带到来早 1 个月左右。一般说来,福建、广东、广西、海南、台湾在 3～4 月,江西、浙江、江苏、上海在 3～8 月,湖南、贵州、云南一带、新疆的部分地区在 4～5 月,秦岭、黄河、淮河的大部分地区在 4～8 月(图5),华北地区及西藏部分地区在 5～9 月,山西、陕西、宁夏等地区在 6～8 月,广大北方地区在 6～7 月,青藏高原和其他高山地区在 6～9 月,为多冰雹月。另外,由于降雹有非常强的局地性,所以各个地区以至全国年际变化都很大。

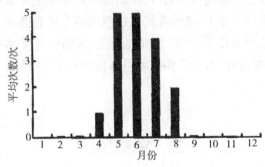

图5　河南各月平均降雹次数

(三)我国冰雹灾害的受灾体特点

中国冰雹灾害的区域分异深受受灾体的影响,通过对中国现有冰雹案例进行逐一的归类和分析,研究结果表明:我国冰雹灾害的主要受灾体类型有 6 大类、20 种亚类,其中以粮食作物受灾次数最多。从动态变化角度看,有以下四种亚类值得注意:一是玉米,受灾的位次(与其他作物比)呈现上升,这与我国玉米种植的广泛性以及地膜玉米种植发展有关。通过地膜来提早作物的生长期,无疑加大了冰雹成灾的时间段。二是棉花、芝麻,受灾次数显著增加,尤其在芝麻的一些主要种植区。可见,作物品种和作物面积的变化直接影响到灾情的放大或缩小。三是蔬菜、水果、花卉受灾增加,随着城市化水平的提高,城市边缘带的蔬菜、瓜果、林果,尤其是花卉的发展,加上大棚技术的广泛使用,使其受雹灾发生的概率加大。可见土地经济作物产出的变化直接影响到受灾体的易损性程度。四是通信受灾次数猛增,随着国家通信事业的迅猛发展,特别是近几年网络的兴起,使得冰雹受灾体的易损性放大。

第二节

冰雹灾害对芝麻的影响

冰雹对芝麻的枝叶、茎秆和蒴果会产生机械性损伤,造成芝麻减产或绝收。

一、砸伤芝麻

芝麻的枝叶、茎秆、蒴果受到冰雹的砸伤,会因损叶、折秆、脱粒而减产。晚春降雹主要影响芝麻的出苗,砸死芝麻幼苗;夏季正是芝麻生长旺季,因降雹常伴有狂风暴雨,不仅造成芝麻大面积的倒伏,同时砸伤叶片,重者砸断茎秆;在早秋季出现的降雹主要危害芝麻的全株。总之,芝麻在苗期遭受冰雹危害后,可使幼苗受伤而不能正常生长,若幼苗被砸伤过重,则需重新播种而延误农事季节,芝麻在灌浆成熟期遭受冰雹袭击,会直接影响并阻碍正常灌浆成熟,造成严重减产和品质变劣,芝麻在开花、结蒴时遭受冰雹灾害,会形成严重的落花落果现象而导致大幅度减产,即使没被冰雹打伤的蒴果,因降雹时的低温,也会降低籽粒灌浆速度,影响产量。

二、冷冻影响

降雹之前,常有高温闷热天气出现,降雹后气温骤降,前后温差达 7 ~ 10℃。剧烈的降温使正在生长的芝麻遭受不同程度的冷害,使被砸伤的芝麻植株伤口组织坏死,再生恢复慢,少数降雹过程伴有局部洪水灾害等。

三、表土板结

由于雨拍和雹块的降落,常使土壤表层板结,不利于芝麻根系生长和幼苗出土。特别是春、夏季冰雹天气过后,常有干旱天气出现,使土壤板结层更加干硬,给芝麻的生长发育带来严重影响。

芝麻抗雹防雹与雹后救灾策略

一、根据冰雹发生特点，进行雹灾防治区划研究

我国是冰雹灾害频繁发生的国家，除广东、湖南、湖北、福建、江西等省冰雹较少外，各地每年都会受到不同程度的雹灾，且各地冰雹灾害发生状况不尽相同。因此，针对冰雹发生特点，进行雹灾防治区划研究十分必要。

从区域自然灾害系统论角度理解，冰雹灾害是冰雹的孕灾环境与致灾因子、受灾体相互作用所形成的灾害。降雹与暴雨都是强对流天气过程，因而受地形约束，常相伴发生，因此暴雨和地形成为冰雹灾害孕灾环境的主要因素。冰雹灾害的强弱及区域分异首先取决于降雹的特点，从我国降雹的区域分异看，降雹高值区呈现一区两带的特点：一区指青藏高原多雹区；两带指南方多雹带和北方多雹带，前者主要分布在海拔1 000～2 000米的云贵高原，向东延伸到湘西、川鄂边界，后者从青藏高原的北部出祁连山、六盘山经黄土高原和内蒙古高原连接。

中国冰雹的区域分异与冰雹致灾的区域分异三大差异

中国冰雹成害的区域分异与冰雹致灾（降雹）的区域分异相比较，有明显的向东、向南、向西扩展的趋势，具有以下三个明显的差异：

☞ 从大区域看，冰雹灾害多发区和冰雹致灾最高频区截然不同，前者为人口稠密的华北—长江中下游一带，后者则为人口稀少的青藏高原地区。

☞ 冰雹成害与致灾均存在两条多发带，但前者较后者位置更偏东，特别是在东部形成南北向的多雹灾带。

☞ 多雹灾区域均位于多降雹带内，且呈现团块状分布。

由此可见，我国冰雹灾害的区域分异深受人类活动范围的影响，呈现中东部多、西部少的空间格局特点。

再从区域的降雹和雹灾空间分异对比看，降雹仅仅是一个自然过程，受灾体性质的变化使得冰雹致灾的高值区不一定是成灾高值区。虽然受灾体并不是造成灾情的直接动力，但是它使得冰雹灾害的灾情产生相对的扩大或缩小。

二、根据灾情采取相应减灾措施

冰雹灾害性天气主要发生在中小尺度天气系统中,常在低空暖湿空气与高空干冷空气共同作用导致的大气极不稳定的条件下出现,是小尺度的天气现象,常发生在夏秋季节,中纬度内陆地区为多。但是由于它的出现常带有突发性、短时性、局地性等特征,一旦发生,猝不及防,这使得对它的预测非常困难。因此,对冰雹灾害的防治,首先必须加强对冰雹活动的监测和预报,尽可能提高预报时效,抢时间,采取紧急措施,以最大限度地减轻灾害损失,特别是避免人员伤亡。

(一)要建立快速反应的冰雹预警系统

20世纪80年代以来,随着天气雷达、卫星云图接收、计算机和通信传输等先进设备在气象业务中大量使用,大大提高了人类对冰雹活动的跟踪监测能力。当地气象台(站)发现冰雹天气,立即向可能影响的气象台、站通报。气象部门将现代化的气象科学技术与长期积累的预报经验相结合,综合预报冰雹的发生、发展、强度、范围及危害,使预报准确率不断提高。为了尽可能提早将冰雹预警信息传送到各级政府领导和群众中去,各级气象部门通过各地电台、电视台、电话、计算机服务终端和灾害性天气警报系统等媒体发布"警报""紧急警报",使社会各界和广大人民群众提前采取防御措施,避免和减少了灾害损失,取得了明显的社会效益和经济效益。

(二)建立人工防雹系统

我国是世界上人工防雹较早的国家之一。由于我国雹灾严重,所以防雹工作得到了政府的重视和支持。目前,已有许多省建立了长期试验点,并进行了严谨的试验,取得了不少有价值的科研成果。开展科技防雹,使其向人们期望的方向发展,达到减轻灾害的目的。

科技防雹常用的方法

☞ 用火箭、高炮或飞机直接把碘化银、碘化铅、干冰等催化剂送到云里去。

☞ 在地面上把碘化银、碘化铅、干冰等催化剂在积雨云形成以前送到自由大气里,让这些物质在雹云里起雹胚作用,使雹胚增多,冰雹变小。

☞ 在地面上向雹云放火箭,打高炮或在飞机上对雹云放火箭、投炸弹,以破坏对雹云的水分输送。

☞ 用火箭、高炮向暖云部分撒凝结核,使云形成降水,以减少云中的水分;在冷云部分撒冰核,以抑制雹胚增长。

（三）农业措施防雹

农业防雹常用方法

☞ 在多雹地带,种植牧草和树木,增加森林面积,改善地貌环境,破坏雹云条件,达到减少雹灾目的。

☞ 增种抗雹和恢复能力强的农作物。

☞ 成熟的作物及时抢收。

☞ 多雹灾地区降雹季节农民下地随身携带防雹工具,如竹篮、柳条筐等,以减少人身伤亡。

三、及时对受灾植株实施扶苗救助

芝麻受灾后,首先要摸清受灾芝麻品种、面积、灾情轻重程度,根据不同生育期的抵抗雹灾能力决定是否毁种。芝麻苗期受灾,部分能恢复生长,产量损失轻;开花期受灾,砸坏叶片者,也能结实,但产量损失较大;砸断茎杆者,不能恢复灌浆,应毁种。芝麻被砸掉(或砸断)生长点或子叶节者、侧枝形成至团棵、砸断茎基部韧皮组织者,均不能复生,必须毁种;只要茎基部韧皮组织完好,上部砸得少枝无叶也能恢复生长。遭受雹灾后的芝麻,原则上尽量不要毁种,如确需毁种,要根据降雹季节、芝麻品种、生育期长短、生产条件等选择适宜的替代品种或救灾作物,抢时播种。如因降雹季节晚而不能保证替代品种正常成熟时,可改种其他作物。不需要毁种的,要及时排除田间积水,清除田间残枝落叶,清理泥土埋压枝叶,抖掉枝叶上的泥土,扶正植株,并借墒追施速效化肥,追肥数量应大于正常用量。对倒伏严重,茎叶断损严重的作物,应根据不同作物、不同生育期决定是否帮扶。即使不能帮扶的作物,也应逐棵(苗)清理,清理时要爱护茎叶,不要人为损伤茎叶或剪除破残茎叶,以免减少绿叶面积,影响芝麻的恢复性生长。

同时要适时中耕松土,破除板结层。雹灾后地温急剧下降,另外由于土壤湿度较大,往往造成地面板结,不利于芝麻根系生长,是影响芝麻恢复生长的主要原因,故灾后应及时中耕、提温散湿,增强芝麻根系的活力。中耕时要深浅结合,根据芝麻不同生育时期决定中耕深度。芝麻苗期要深中耕,芝麻旺盛生长期要浅中耕,以免损伤根系。一般情况下中耕要在两遍以上,以打破板结层,疏松土壤,促进芝麻的恢复性生长。

四、加强灾后田间管理

为保证受灾地区芝麻在遭受冰雹危害后要及时进行补救,以促进芝麻正常生长,尽量减少冰雹带来的损失,可采用以下灾后田间管理措施:

1. 轻度受灾的地块的管理措施　应视苗情结合中耕培土进行追肥,结合实地气候加强肥水管理。芝麻恢复生长发育后要做好防病治虫工作,遇旱及时浇水,此外,要及时修剪,积极搞好芝麻植株的清理工作,受灾后及时剪除被严重击破或撕裂的新老茎秆和枝叶以促进新芽梢早发,并把芝麻中剪除的枝、叶、蒴果进行集中处理,以预防气候温和多雨时病菌的滋生蔓延。

2. 严重受灾的地块,要及时补种,确保种植密度

最好实行温室育苗移栽,大田地膜覆盖栽培,以促进早生早发。

3. 受灾后,及时喷药,认真做好病菌侵入的预防工作

芝麻植株受损伤口(特别是茎秆受损部位)容易受到细菌或真菌等病原物的侵染而引发其他病害,为防止茎秆受损部位坏死,应及时使用72%农用链霉素3 000倍液或5%菌毒清水剂500倍液整株喷雾,进行植株伤口消毒,以减少病原菌侵染。

4. 追施速效氮肥

灾后,每亩酌情追施10~15千克尿素,以促进后续展开的叶片能够形成较大的叶面积,保证在籽粒灌浆期间植株能够制造较多的有机营养供给蒴果和籽粒发育。

5. 疏通三沟,排除积水

地势较平坦的芝麻地,过多的降水量往往造成田间长时间积水,土壤湿度过大,芝麻植株生长受到严重影响,根系因缺氧而窒息坏死,生理功能衰退,对产量影响很大。因此应及时疏通围沟、腰沟和厢沟,排除积水,以降低地下水位,降低田间土壤湿度。尤其是低洼地块、因排水不畅,容易造成涝灾,故疏通三沟就显得更为重要。若积水过多,不能及时排水的田块,可实行带土移苗,移栽到其他地块。

6. 加强管理,促进生长

芝麻遭受冰雹灾害后,务必加强田间管理,尽快恢复生长,要及时培土、中耕、破除板结,改善土壤通透性,使植株根系尽早恢复正常的生理活动是至关重要的。根据受灾程度,强化田间管理工作。增加追肥次数和数量,应在冰雹过后天气好转时,抓紧时间酌量抢施,并注意叶面追肥,加速植株生长。

五、分次收获,提高产量

由于受雹点密度的影响,即使是在同一块田地里,作物也有受灾轻重之分。一般来说,发生的雹灾后复生的作物成熟期较晚,在其生长发育前期要多追施磷素化肥,或在后期利用催熟剂促进早熟,而对于受灾较轻、成熟期早的芝麻要提前收获,以提高产量。

第七章

主要病虫草危害与防治技术

本章导读：本章介绍了芝麻生长发育过程中，主要病虫害的危害症状与发生规律；提出了针对不同病虫害的防治策略。旨在使读者深入了解芝麻主要病虫害的分布地区、发生机制、危害特点和影响程度，掌握不同病虫害的防治技术，以便在生产中灵活应用。

我国是农作物病虫害多发、频发和重发大国。我国已知农作物病虫害有 1 000 多种,常年可造成严重危害的重大病虫害近 100 种,每年发生面积超过 4.67 亿公顷,每种作物经常同时遭受 3~4 种病虫危害。近年来,受全球气候变暖、耕作栽培制度变化、国际农产品贸易频繁等多种因素的影响,我国农作物病虫害暴发频率逐年提高,损失逐年加重。与其他作物相比,芝麻生性娇嫩,对外界环境相当敏感,病虫害时有发生,种类繁多,对芝麻危害十分严重,影响芝麻产量提高和品质升级,制约着芝麻的发展。引起芝麻病虫害发生的因素相当复杂,如气候、土壤及生物环境因子等,同一品种在不同的生态环境下往往表现不同的抗性。因此,掌握芝麻的病虫防治技术是一项非常重大而且具有现实意义的任务。

第一节
芝麻病害种类及防治

一、枯萎病

(一) 枯萎病的发生及危害

芝麻枯萎病是一种发生普遍、危害严重的真菌性病害,俗称"半边黄"或"黄死病"。我国安徽、河南、湖北等芝麻主产区均有发生。一般发病率为 5%~10%,严重者达 30% 以上,多发生在苗期,盛花期,对产量有较大影响。

芝麻枯萎病的病菌常称镰刀菌,属半知菌类从梗孢目瘤座菌科。产生镰刀形大分生孢子和卵圆形小分生孢子。镰刀形孢子无色,有 2~3 个隔膜;卵圆形孢子也无色,单胞或由 2 个细胞组成。病菌以菌丝潜伏在种子内或随病残体在土壤中越冬。翌年侵染幼苗的根,从根尖或伤口侵入,也能直接侵染健根,进入导管,向上蔓延到植株各部。连作地、土温高、湿度大的瘠薄沙壤土易发病。品种间抗病性有差异。

该病苗期、成株期均可发病(如彩插 1 所示)。苗期发病常导致植株根系腐烂,全株猝倒,从而造成田间缺苗。中后期发病较多,发病后植株叶片自下向上逐渐枯萎,与芝麻青枯病的凋萎顺序相反。病根部半边根系变褐,并顺延茎部向上伸展,使相应的茎部变为红褐色的干枯条斑。潮湿时病斑上出现一层粉红色的粉末,病茎的导管或木质部呈褐色,发病半边因导管阻塞,且病菌分泌毒素,使叶片变黄,并由下向上枯萎脱落,感病半侧的叶片呈半边黄现象,逐渐枯死脱落,是典型的维管束病害。该病最终导致病株早熟,蒴果短小,炸蒴落粒,籽粒瘦秕且色暗发褐。

（二）枯萎病的防治

1. 合理轮作倒茬　选用3～5年未种过芝麻的地块种植芝麻,与甘薯、小麦、玉米等轮作,可减轻病害。

2. 选用耐病品种,精选优质无病种子　一般闭蒴、大粒及粗糙胎座的品种抗病或耐病(抗病由1～2对显性或隐性基因所控制)。

3. 种子处理

☞ 用51～55℃温汤浸种30分,防治效果可达90%。

☞ 用0.5%硫酸铜液浸种20分,防止种子带菌。

☞ 按用药量有效成分为用种量的0.3%的多菌灵拌种。

4. 加强栽培管理　合理施肥,农家肥应实行高温堆沤;消灭草荒,清除田间病残株,防治地下害虫;地膜覆盖;排涝抗旱,提高植株抗病能力。

5. 化学防治　在芝麻现蕾开花期用40%多菌灵可湿性粉剂500倍液喷洒病株,或用0.2%硫酸铜液每10天喷1次,连续2～3次。

二、茎点枯病

（一）茎点枯病的发生及危害

芝麻茎点枯病又叫"黑秆疯"、"黑秆病"、"黑根疯"、"茎腐病"、"炭腐病"等,属真菌性病害。发病后,茎秆发黑,着生很多黑点,造成大风、雨后植株倒伏。我国安徽、湖北、河南和江西等芝麻主产区发病较重,一般发病率为10%～20%,严重的达60%～80%,甚至成片枯死。病株千粒重、单株产量、含油率均明显下降,轻则损失10%～15%,重则损失50%以上(如彩插2所示)。

芝麻茎点枯病病原菌称菜豆壳球孢,属半知菌亚门真菌。芝麻茎点霉也是该病病原。该病在芝麻生长期间有感病－抗病－感病三个阶段:即苗期处在感病阶段,现蕾至结顶前进入抗病阶段,封顶后又感病。每年的发病高峰期都出现在高温季节,发病后8～10天产生分生孢子。芝麻品种抗病性差异明显。生产上种植感病品种、菌源量大、气温高于25℃,利于病菌侵入和扩展。7～8月雨日多、降水量大,发病重。湖北省7～8月旬降雨50～70毫米,雨日3～8天,平均发病率低于5%,属小发生年。旬降雨130毫米以上,雨日7天左右,发病率高于20%,为大发生年。种植过密、偏施氮肥、种子带菌率高时发病重。

该病主要危害芝麻幼嫩或衰老的组织,多在苗期和开花结蒴期发病。苗期染病幼苗根部变褐,地上部萎蔫枯死,幼茎上密生黑色小点。开花结果期染病从根部开始发病,后向茎扩展,有时从叶柄基部侵入后蔓延至茎部。根部染病主根、支根变褐,剥开皮层可见布满黑色小菌核,致根部枯死。茎部染病多发生在中下部,初呈黄褐色水浸状,后扩展很快,绕茎一周,中心有银灰色光泽,其上密生黑色小粒点,表皮下及髓部产生大量小菌核,茎秆中空易折断。病部以上茎秆枯死,蒴果呈黑褐色干枯,病种子上生有小黑点状菌核。

（二）茎点枯病的防治

芝麻茎点枯病是一种顽固性病害。小菌核在土壤中可存活2年,病原菌致病力强,寄主范围广,菌源存在广泛,是一种较难防治的病害。在防治上应以农业防治为主,辅以药剂防治,采取综合防治的策略。

1. 合理轮作倒茬　选用3~5年未种过芝麻的地块种植芝麻,与水稻、小麦、玉米等轮作,可减轻病害。

2. 选用耐病品种　如豫芝4号、豫芝11号、郑芝98N09等,并精选优质无病籽粒。

3. 种子处理

☞ 55℃温汤浸种10~20分。

☞ 用0.3%敌菌丹可湿性粉剂或0.3%福美双可湿性粉剂拌种。

☞ 40%多菌灵可湿性粉剂0.1%或25%瑞毒霉可湿性粉剂0.1%浸种30分,晾干播种。

4. 土壤消毒　40%多菌灵可湿性粉剂18千克/公顷搅拌适量干土播前撒入播种沟内,可有效预防或减轻茎点枯病的发生和流行。

5. 加强栽培管理　合理施用化肥,增施磷肥和有机肥;消灭草荒,清除田间病残株,防治地下害虫;地膜覆盖;排涝抗旱,提高植株抗病能力。

6. 化学防治　在芝麻苗期、蕾期、盛花期和封顶前后,进行田间药剂喷洒。选用50%退菌特可湿性粉剂1 500倍液,或40%多菌灵可湿性粉剂1 000倍液,或10%双效灵水剂1 500倍液,或70%甲基硫菌灵可湿性粉剂1 000倍液均可,一般喷洒2次,间隔7天,可有效防治茎点枯病的发生和流行。

三、叶斑病

（一）叶斑病的发生及危害

芝麻叶斑病又名"角斑病"、"灰斑病"、"芝麻尾孢灰星病"、"芝麻蛇眼病"。在我国各产区芝麻不同生育时期普遍发生,但危害较轻。

芝麻叶斑病菌称芝麻尾孢,属半知菌亚门真菌。病原菌以菌丝在种子和病残体上越冬,翌春产生新的分生孢子,借风雨传播,花期易染病。

此病常发生于花期,主要危害叶片、茎及蒴果。叶部症状常见有两种(如彩插3所示)。一种叶斑多为直径1~3毫米圆形小斑,中间灰白色,四周紫褐色,病斑背面生灰色霉状物,即病菌分生孢子梗和分生孢子。后期多个病斑融合成大斑块,干枯后破裂,严重的引致落叶。另一种叶斑为蛇眼状病斑,中间生一灰白色小点,四周浅灰色,外围黄褐色,圆形或不规则形,大小3~10毫米。茎部染病产生褐色不规则形斑,边缘明显,湿度大时病部生黑点。蒴果染病生浅褐色至黑褐色病斑,易开裂。该病常与叶枯病混合发生,并行危害,症状各异。

叶斑病始发期在7月上中旬,盛发期在8月中下旬,9月上旬后病害进入末期。芝麻叶斑病发展快慢,与芝麻生长中期降水量和相对湿度密切相关,雨水偏多,田间空气相对湿度80%以上时病害发展快。早播芝麻发病重,而且病害发展快;晚播的发病轻,病害发展也较慢。因此,夏播芝麻抢时早播时,应注意防治叶斑病。

(二)叶斑病的防治

1. 种子处理　用0.1%升汞水处理带菌种子30~60分。

2. 实行合理轮作　与其他作物轮作,清除田间病株残体。

3. 化学防控

☞ 开花前全株喷洒1:1:150倍式波尔多液。

☞ 在开花前初发病时喷洒70%甲基硫菌灵可湿性粉剂800倍液或75%百菌清可湿性粉剂800倍液、50%苯菌灵可湿性粉剂1 500倍液、1:1:150倍式波尔多液、30%绿得保悬浮剂500倍液、47%加瑞农可湿性粉剂700~800倍液、12%绿乳铜乳油600倍液,每隔7~10天喷洒1次,连续防治2~3次。

☞ 7月下旬、8月上旬和8月中旬用30%复方多菌灵胶悬剂1 000倍液,各喷雾1次,防治3次,有较好防病增产作用。

四、立枯病

(一)立枯病的发生及危害

芝麻立枯病属真菌性病害。发病范围广,在我国芝麻产区均有此病发生。病害主要发生在芝麻苗期,造成芝麻死苗、缺苗断垄。

立枯病病原菌学名为立枯丝核菌,属半知菌类丛梗孢目暗梗孢科长蠕孢属芝麻长蠕孢。病菌以菌丝或菌核随病残体在土壤中越冬,成为翌年初侵染源。气温15~22℃时或低温多雨易发病。此外,该菌寄主范围广,有160多种寄主植物,除芝麻外,还有甜菜、茄子、辣椒、马铃薯、番茄、菜豆等。土壤中的病菌可以随地面流水、风雨、农田耕作传播。

芝麻立枯病是苗期常见重要病害。通常幼苗茎基部开始发病,在茎基一侧出现暗褐色病斑,逐渐凹陷腐烂,严重时扩散到茎的四周,最后病部萎缩呈线状,易折倒或整株萎蔫而死苗,受害较轻的幼苗,在天气转晴时气温升高的情况下,可以恢复生长(如彩插4所示)。低温、湿度大易于病害发生,芝麻出苗后遇低温、高湿发病严重,如春芝麻播种过早或湿度过大时,常常发病严重。

(二)立枯病的防治

1. 合理轮作　合理轮作倒茬,精细整地,采用高畦栽培,搞好田间排灌,合理密植,促进植株健壮生长,增强抗病力,可减轻病害的发生。

2. 选用耐渍性强的品种　如阳信芝麻、临沂芝麻、黄县红芝麻、冠县芝麻、单县芝麻、博山四棱白、双丰614、中芝9号、郑芝98N09、郑芝13号、豫芝11号等。

3. 土壤处理　用70%敌克松可湿性粉剂2~5千克/亩处理土壤,可杀死土壤中越冬病菌。

4. 化学防控

☞ 用0.5%硫酸铜液浸种30分钟。

☞ 用0.2%福美双可湿性粉剂或0.1%多菌灵可湿性粉剂拌种处理,可有效控制病害。

☞ 发病初期喷25%多菌灵可湿性粉剂500~600倍液,每隔3~5天喷1次,连续喷2~3次,可获良好的防治效果。

五、芝麻青枯病

(一) 青枯病的发生及危害

芝麻青枯病为细菌性病害,河南群众称之为"黑茎病"、"黑秆病",在湖北、江西等地称之为"芝麻瘟",严重发病地区常出现芝麻成片死亡。我国湖北、四川、江西、广西等南方芝麻产区发生较多,近年河南、新疆也有发生。据调查,芝麻重茬2年,青枯病发生率为19.2%,重茬3年发病率高达25.6%,连年重茬严重威胁芝麻的正常生长。该病除危害芝麻外,还侵染茄科和豆科作物。

芝麻青枯病病原菌为青枯假单胞杆菌,该菌与花生青枯病是同一种病原,属真细菌纲假单胞细菌目假单胞杆菌科。病菌形似蝌蚪、短杆状(如彩插5所示)。病原细菌主要随病残体在土壤中越冬,从根部或茎基部伤口或自然孔口侵入。芝麻植株染病后,初在茎秆上出现暗绿色斑块,后变为黑褐色条斑,顶梢上常有2~3个梭形溃疡状裂缝,起初植株顶端萎蔫,后下部叶片萎凋,呈失水状,发病轻时夜间尚可恢复,几天后不再复原,剖开根茎可见维管束变成褐色,不久蔓延至髓部,出现空洞,湿度大时有菌脓溢出,逐渐形成漆黑色晶亮的颗粒,病根变成褐色,细根腐烂。病株的叶脉出现墨绿色条斑,纵横交叉呈网状,对光观察呈透明油浸状,叶背的脉纹呈黄色波浪形扭曲突起,后病叶褶皱或变褐枯死。蒴果初呈水浸状病斑,后也变为深褐色条斑,蒴果瘦瘪,种子小不能发芽。

该病在田间主要通过灌溉水、雨水、地下害虫、农具或农事操作传播。田间地温12.8℃病菌开始侵染,在21~43℃内,温度升高,发病重。

(二) 青枯病的防治

1. 选用抗病品种 选择优质高产、耐渍、抗病性强品种,如郑芝98N09、郑芝13号、皖芝系列、赣芝系列等抗病高产品种。

2. 合理轮作 芝麻与禾本科作物或棉花及甘薯进行2~3年以上轮作,可以有效地减少土壤中青枯病病原菌的数量,降低发病概率。

3. 农业防治 加强芝麻田管理:雨后及时排水,防止湿气滞留,避免大水漫灌;及时拔除和烧毁病株;增施有机肥,尤以钾肥为佳。

4. 化学防治 用石灰水1份、石灰粉15份,进行病穴消毒。在播种前,用百菌清进行土壤处理,预防效果较好;或者在发病初期,用50%多菌灵可湿性粉剂800~1 000倍液喷施。

六、疫病

（一）疫病的发生及危害

芝麻疫病属真菌性病害,在我国芝麻产区湖北、江西等省份局部地区发病较重,河南、山东等省份发病较轻。该病花期感病严重的植株枯死,造成缺株,后期被侵害茎杆和蒴果的病株,发育不良,籽粒瘦秕,严重影响芝麻的产量和品质。其发病迅速,常致全株死亡,是一种毁灭性病害。

芝麻疫病病原菌学名为芝麻寄生疫霉,属鞭毛菌亚门藻状菌纲霜霉目腐霉科真菌。病菌以菌丝在病残体上或以卵孢子在土壤中越冬,苗期进行初侵染,病菌从茎基部侵入,10天左右病部产生孢子囊。芝麻现蕾时开始发病。病菌产生的游动孢子借风雨传播进行再侵染。菌丝生长适温为23~32℃,孢子囊产生的适宜温度为24~28℃,高温高湿病情扩展迅速,大暴雨后或夜间降温利于发病(如彩插6所示)。

芝麻疫病主要危害叶、茎和蒴果(如彩插7所示)。叶片染病初现褐色水渍状不规则病斑,湿度大时病斑扩展迅速呈黑褐色湿腐状,病斑边缘可见白色霉状物,病健组织分界不明显。干燥时病斑为黄褐色。在病情扩展过程中遇有干湿交替明显的气候条件时病斑出现大的轮纹圈;干燥条件下,病斑收缩或成畸形。茎部染病初为墨绿色水渍状,后逐渐变为深褐色不规则形斑,环绕全茎后病部缢缩,边缘不明显,湿度大时迅速向上下扩展,严重的致全株枯死。生长点染病后,嫩茎收缩变褐枯死,湿度大时易腐烂。蒴果染病产生水渍状墨绿色病斑,后变褐凹陷。

（二）疫病的防治

1. 选用抗病品种及种子处理　选择优质高产、耐渍、抗病性强品种,如豫芝8号、豫芝11号等。播种前用,用55℃温水浸种10分或60℃温水浸种5分,晾干后播种。或用福美双拌种,用药量占种子重量的0.5%~1%;用0.5%硫酸铜溶液浸种半小时,均有较好防效。

2. 农业防治　芝麻土传病虫害严重,最忌连作,芝麻与棉花、甘薯及禾本科作物实行3~5年轮作,能较好控制病害发生流行。芝麻收割后及时清除田间病残体,集中烧毁或深埋以减少越冬菌源。及时拔除病株,带出田外销毁,防止病菌扩散蔓延。加强肥水管理,增施基肥,基肥以中迟效有机肥为主,并混施磷、钾肥、苗期不施或少施氮肥,培育健苗,使病菌不易侵入。采用高畦栽培,及时清沟排水,防止田间积水,降低田间湿度。

3. 药剂防治

防治芝麻病害应以农业防治为主,药剂防治要掌握在病害发生前喷药保护,或发病初期用药。播前用波尔多液(石灰、硫酸铜和水3:3:50比例配制),0.3%代森锰锌或代森锌或铜杀菌剂浸种;防治药剂有37%枯萎立克可湿性粉剂800倍液,40%多菌灵悬浮剂700倍液,50%甲基硫菌灵可湿性粉剂800~1 000倍液,80%硫酸铜可湿性粉剂800倍液等;发病初期用25%甲霜灵可湿粉剂500~700倍液,或甲霜铜400~500倍液等药剂进行防治。

七、白粉病

（一）白粉病的发生及危害

芝麻白粉病是真菌性病害,在我国的山东、湖南、广西、江西、云南、河南、山西、陕西、湖北、吉林等省(区)都有发生(如彩插8所示)。在芝麻种植密度较大、土壤湿度大时发生,一般危害不大,造成芝麻产量和品质下降。严重时导致绝收。

芝麻白粉病病原菌为菊科白粉菌,属子囊菌亚门真菌(如彩插9所示)。北方寒冷地区病菌以闭囊壳随病残体在土表越冬。翌年条件适宜时产生子囊孢子进行初侵染,病斑上产出分生孢子借气流传播,进行再侵染。生产上土壤肥力不足或偏施氮肥,易发此病。在南方终年均可发生,无明显越冬期,早春2月、3月温暖多湿、雾大或露水重易发病。

该病多发生在迟播或秋播芝麻上。主要危害叶片、叶柄、茎及蒴果。叶表面生白粉状霉,即病菌菌丝和分生孢子,病叶光合作用减弱,生长不良。严重时白粉状物覆盖全叶,致叶变黄。病株先为灰白色,后呈苍黄色。茎、蒴果染病亦产生类似症状。种子瘦秕,产量降低。

（二）白粉病的防治

1. 农业防治　加强栽培管理,注意清沟排渍,降低田间湿度。增施磷钾肥、避免偏施氮肥或缺肥。

2. 化学防治

☞ 发病初期及时喷洒25%粉锈宁可湿性粉剂1 000～1 500倍液或60%防霉宝2号水溶性粉剂800～1 000倍液、50%硫黄悬浮剂300倍液。此外,还可喷洒2%农抗120水剂或武夷菌素(BO-10)150～200倍液,视病情间隔10～15天喷药1次,连续防治2～3次。

☞ 发病重或产生抗药性的地区可改用40%杜邦福星乳油8 000倍液,持效期长,防治效果较好。

八、根腐病

（一）根腐病的发生及危害

芝麻红色根腐病主要发生在我国湖北、河南等省。

该病病原不详,多发生在土壤水分过多的低洼、积水地或大水淹后,由于土壤水分过多,根部窒息引致根部腐烂,生理机能衰弱,造成植株萎蔫死亡。

该病主要危害茎基部,茎基现褐色斑,初期病健组织分界不明显,后根部外皮变褐腐烂,剥去根表皮时内部呈红色,严重的全株叶片逐渐萎蔫,病株枯死。发病植株很易遭受其他病害侵害。

（二）根腐病的防治

1. 农业防治　采用高畦或选择高燥地块种植芝麻,遇雨及时清沟排水,防止田间积水;合理肥水管理。科学施肥,增施磷、钾肥,避免偏施氮肥,提高植株抗病力。在现蕾－盛花期,喷施磷肥,增强植株营养,促使植株健康生长,增强抗病能力。适时灌溉,雨后及时开沟排水,防止田间积水。

2. 化学防治　可使用铜制剂或甲霜噁霉灵进行防治,即发病时用甲霜噁霉灵或铜制剂进行灌根。

九、白绢病

（一）白绢病的发生及危害

芝麻白绢病为真菌性病害,主要危害芝麻茎、根部,在我国各芝麻产区均有发生。一般发病率5%左右,严重时达30%以上(如彩插10所示)。

白绢病原菌属半知菌亚门真菌无孢群小菌核属。病原菌以菌核或菌丝体在土壤中及病残株上越冬,一般菌核均分布在3～7厘米的表土层内。第二年菌核及菌丝体萌发的芽管,从芝麻根颈部的表皮直接侵入,而后上生菜籽大小,先白色,后红褐色,最后为褐色的菌核。叶片自下而上渐萎黄,植株生长受阻,最后死亡。另外,种子也带菌传染。病菌主要借土壤、流水、昆虫等转播。在潮湿条件下发病较重。病菌寄主范围很广,达60多科200多种植物,烟、麻、柿、蔗、桑、茶、豆等经济作物及瓜、茄等蔬菜都是它的寄主。

白绢病多在芝麻成株期发生,侵染植株的主要部位是接近地面的茎基部,也危害叶柄和蒴果。受害部位变褐软腐,病部有波纹状病斑绕茎,表面覆盖一层白色绢丝状的菌丝,直至植株中下部茎秆被覆盖。当病部养分被消耗后,植株根颈部组织成纤维状,从土中拔起时易断。土壤湿润荫蔽时,病株周围地表也布满一层白色菌丝体,在菌丝体当中形成大小如油菜粒一样的菌核。发病的植株叶片变黄,初期在阳光下闭合,在阴天张开,以后随病害扩展而枯萎,最后死亡。高温、多雨或排水不良均有利于该病的发生。

（二）白绢病的防治

1. 农业防治　选用抗病品种。清沟排渍,降低土壤湿度。实行轮作,收获后及时清除病残体,深翻。

用25%或50%多菌灵可湿性粉剂,按种子重量的0.25%～0.5%拌种,后对水配成药液浸种,对水量以能淹没种子为准。

2. 化学防治　初花期和终花期前各喷1次70%甲基硫菌灵可湿性粉剂700倍液或40%多菌灵可湿性粉剂700倍液,可提高芝麻抗病性。发病初期喷淋50%苯菌灵可湿性粉剂或50%扑海因可湿性粉剂或50%腐霉利(速克灵)可湿性粉剂、20%甲基立枯磷乳油1 000～1 500倍液,每株喷淋对好的药液100～200毫升。

十、花叶病

（一）芝麻花叶病的发生及危害

芝麻花叶病又叫"龙头病"，是病毒性病害，主要发生在河南、湖北、江西、安徽省等芝麻产区，尤以河南最为常见。我国局部地区的个别年份危害较重，如1984年曾在河南省驻马店地区大发生，1992年在全国范围的大面积流行，对芝麻生产造成了严重损失。该病常年发病率为5%～10%（如彩插11所示）。

芝麻花叶病病原为芝麻花叶病毒，属马铃薯Y病毒组。病毒可经汁液传染，由蚜虫以非持久方式传毒，种子不能传毒。能系统侵染大豆，心叶烟、三生烟等，表现花叶。侵染番茄、甜菜时产生叶片皱缩、卷曲畸形。不侵染菜豆、豇豆、绿豆、西瓜、曼陀罗、苋色藜和假酸浆。该病毒与西瓜花叶病毒、芜菁花叶病毒、马铃薯Y病毒的抗血清不发生反应。

芝麻花叶病发病后病株出现花叶、皱缩、茎秆扭曲、矮化，一般不结实或结蒴果小、籽粒秕瘦。花叶扩展后变黄。

（二）芝麻花叶病的防治

1. 利用抗病毒品种　选用抗病品种是减轻病毒危害的经济有效措施，当前推广的抗病较强的品种如豫芝4号、豫芝11号、中芝7号、中芝9号等。

2. 苗期防治蚜虫，减少病毒传播　即喷施高效低毒的有机磷、菊酯类、抗病毒类药剂，防治蚜虫，预防病毒病发生。

十一、芝麻黄花叶病

（一）芝麻黄花叶病的发生及危害

芝麻黄花叶病是芝麻上常见病毒病（如彩插12所示），主要危害芝麻叶部，造成叶片中间或边缘叶绿素减少，叶色黄绿相间的典型黄花叶症状。

芝麻黄花叶病病原称花生条纹病毒，属马铃薯Y病毒组。钝化温度55～60℃，体外保毒期4～5天，稀释限点1 000～10 000倍。该病毒寄主范围窄，除侵染芝麻外，还可侵染花生、望江南、决明、绛三叶草和鸭跖草，引致斑驳或花叶。该病毒种传率高达21.3%，一般1%～10%，带毒芝麻种子是主要初侵染源，花生、鸭跖草也是初侵染源之一。通过豆蚜、桃蚜、大豆蚜、洋槐蚜、棉蚜等传毒，且传毒效率较高。此外麦长管蚜、禾谷缢管蚜、萝卜蚜也能传毒，但传毒率较低。生产上由于种子传毒形成病苗，田间发病早，花生出苗后10天即见发病，到花期出现发病高峰，品种间传毒率差异较明显。据研究，该病发生程度与气候及蚜虫发生量正相关。

该病发病后新生叶初沿叶脉间褪绿，后致整叶均匀淡绿或黄化，稍下卷，不脱落。染病植株生长瘦弱，不同程度矮化。有些芝麻品种后期表现病叶黄化、窄小、卷曲或扭曲，茎秆

106

变细,上部病叶易脱落,严重的呈光秆,蒴果小或畸形,基部的腋芽萌发后变为细小的枝或芽。感病早的植株严重矮化,无蒴果或蒴果小且畸形。

(二)芝麻黄花叶病的防治

1. 合理轮作　由于芝麻黄花叶病也侵染花生,因此发病重地区不要与花生邻作或间作。

2. 选用抗病毒病品种　如八股叉、宿选 5 号、鄂芝 1 号、郑芝 1 号、襄引 55、柳条青、豫芝 4 号、郑芝 98N09、豫芝 11 号、郑芝 13 号等。

3. 化学防治　蚜虫可传播黄花叶病毒,注意及时防治。

十二、变叶病

(一)变叶病的发生及危害

芝麻变叶病是一种对芝麻危害较大的病毒病,又称"丛枝病"或"芝麻公",1980 年在我国广东发现。芝麻染病后,植株矮化,叶片变小丛生,节间缩短,花柄拉长,花瓣转绿,柱头伸长,长出叶子,病株不能结实,损失率39% 左右(如彩插 13 所示)。

病原为 MLO 称类菌原体。传毒介体据研究是一种叶蝉。病原能危害芝麻属的其他种和芥属及猪尿豆属植物。该病发生与传毒叶蝉数量、种群密度、播期有关。播期早、叶蝉密度高易发病。

(二)变叶病的防治

1. 拔除病株　目前,此病在我国尚属零星发生,如早期发现病株,应立即拔除,以防止病原菌蔓延扩大。

2. 抗病品种　印度已培育出抗病品种,如 Tel03、E1036 等。我国仅在少数品种中发现有病株,因此,今后应加强抗病品种的选择和选育。

3. 化学防治　病害主要由刺吸式口器害虫传播,一旦发现这类害虫危害宜及早防治。

第二节

芝麻主要地上害虫种类及防治

一、蚜虫

(一)蚜虫的发生及危害

芝麻生产上危害的蚜虫为桃蚜,也称烟蚜,属同翅目蚜虫科,俗称腻虫、蜜虫、油旱等。

全国各地均有分布,寄主广泛,约有170种。芝麻上发生很普遍,夏播芝麻产区在旱年发生危害也普遍较重,同时传播病毒病。蚜虫多集中在嫩茎、幼芽、顶端心叶及嫩叶的叶背上和花蕾、花瓣、花萼管及果针上危害(如彩插14所示)。受害后植株生长停滞,叶片卷曲、变小、变厚,影响叶片光合作用和开花结实。成年蚜危害芝麻时,群集在嫩叶背面吸食汁液,致叶片萎蔫卷缩,影响芝麻生长发育,造成不同程度减产。

桃蚜以卵在桃树上越冬。越冬卵的孵化期,黄河以北多在3月中下旬;黄河以南长江以北多在2月下旬至3月上旬;长江以南多在2月上旬至3月上旬。越冬卵孵化为干母,在桃树上繁殖3代,第三代为有翅迁飞蚜,在4~5月迁飞到烟草和其他作物上繁殖。6月中下旬开始危害芝麻,7~8月危害较盛。蚜虫繁殖很快,一般4~7天完成1代,虫口密度剧增,造成蚜虫猖獗发生。7~8月如果雨季来临早,湿度大,气温高,天敌增多,田间蚜虫数量就少,蚜虫隐蔽在比较阴凉的场所生活。大气相对湿度是决定蚜虫能否大发生的主导因素。在适宜温度15~24℃,相对湿度在60%~70%时有利于蚜虫的繁殖危害。相对湿度超过80%或低于50%对蚜虫繁殖有明显抑制作用。盛发期如遇阴雨连绵,蚜虫会急剧减少,天敌也可显著影响蚜量的消长。

(二)蚜虫的防治

☞ 在芝麻栽培区,必要时防治越冬期桃树上的桃蚜,在冬初或春季往桃树上喷洒40%氧乐果乳油1 500倍液。如能做到成片大面积联防,对压低虫源有作用。

☞ 芝麻田危害初期及时喷洒40%氧乐果乳油1 500倍液、50%马拉硫磷乳油1 500倍液、10%吡虫啉可湿性粉剂2 500~3 500倍液。

二、盲椿象

(一)盲椿象的发生及危害

芝麻盲椿象即烟草盲椿象,属半翅目、椿象科。多分布于湖北、河南、安徽、山东等省,成虫和若虫均能危害。通常在芝麻幼叶背面、幼芽和嫩果处刺吸汁液,造成叶中脉呈黄色斑点,心叶呈畸形,顶芽枯死或幼蒴僵黄,影响芝麻正常生长开花,造成落花落蒴(如彩插15所示)。

芝麻盲椿象1年发生3~4代,以卵在苜蓿、蓖麻、豆类、木槿等枝内和树皮内以及附近浅层土中越冬,翌年3~4月,平均气温达10℃以上,相对湿度70%左右时开始孵化。4月中下旬葡萄、枣树发芽后即开始上树危害。5月下旬后,气温渐高,虫口渐少。第二、第三、第四代分别在6月上旬、7月中旬和8月中旬出现。成虫寿命30~40天。飞翔力强,白天潜伏,稍受惊动迅速爬迁,不易发现。清晨和夜晚爬到芽、嫩叶及幼蒴上刺吸危害。盲椿象的发生与气候条件有密切关系。卵在周围相对湿度65%以上时,才能大量孵化。气温20~30℃,空气相对湿度80%~90%的高湿气候,最适发生危害。高温低湿的气候条件发生危害较轻。

（二）盲椿象的防治

1. 农业防治　铲除田边地头杂草,消灭越冬虫卵。

2. 化学防治　在大田发生初期,喷洒4.5%高效氯氰菊酯乳油4 000～5 000倍液,或10%吡虫啉可湿性粉剂4 000～5 000倍液,或5%辛硫磷乳油1 000倍液进行药剂防治。喷药时药液一定要喷到芝麻叶片正反两面,特别是被害芝麻叶面、茎杆上下及地面周围裂缝都要喷施药液。

三、棉铃虫

（一）棉铃虫的发生及危害

棉铃虫属鳞翅目夜蛾科,别名棉铃实夜蛾。广泛分布在我国及世界各地,我国棉区和芝麻种植区均有发生。以黄河流域、长江流域受害最重,近年危害十分猖獗。幼虫食害芝麻的嫩叶、花和蒴果等,咬成孔洞或缺刻;危害芝麻蒴后,蒴的下部有蛀孔,不圆整,蒴内无粪便,青蒴受害时,基部有蛀孔,孔径粗大,近圆形,粪便堆积在蛀孔之外,赤褐色,蒴内被食去部分芝麻籽粒,未吃的籽粒呈水渍状,蒴果成烂蒴。1只幼虫常危害十多个芝麻蒴果,严重时芝麻蒴果脱落一半以上(如彩插16所示)。

辽宁及西北年生3代,华北及黄河流域4代,长江流域4～5代,华南6～8代,以滞育蛹在土中越冬。黄河流域越冬代成虫于4月下旬始见,第一代幼虫主要危害小麦、豌豆、亚麻、蔬菜,其中麦田占总量70%～80%,第二代成虫始见于7月上中旬,7月中下旬盛发,主要危害芝麻和棉花,且虫量十分集中,约占总量95%。第三、第四代除危害芝麻外,还危害棉花、玉米、高粱、花生、豆类、番茄等,虫量较分散,棉田内占50%～60%,三代成虫始见于8月上中旬,发生时间长,长江流域四代成虫始见于9月上中旬。

（二）棉铃虫的防治

1. 中短期预测预报　南方从5月上中旬,北方从5月中下旬,采用随机选点调查法或扫网法调查当地一代棉铃虫的数量和幼虫龄期,与历年对比预测棉田二代棉铃虫发生量。短期测报,据黑光灯和杨树枝把诱到上代成虫和田间查到当代卵的时间和数量,预测出当代幼虫发生期和发生量,指导生产上防治。

2. 人工诱蛾　用杨树枝把诱蛾,在芝麻田中种植300～500株玉米或高粱等作物诱蛾前来产卵,集中杀灭,以减少着卵量。麦收后及时中耕,消灭部分一代蛹,压低虫源基数;或安置高压汞灯,每亩安300瓦高压汞灯1只,灯下用大容器盛水,水面撒柴油,效果比黑光灯高几倍。

3. 生物防治　在二代棉铃虫的初孵盛期,每亩释放赤眼蜂1.5～2万头,卵寄生率70%以上,也可喷洒含每克孢子量100亿以上的Bt乳剂400毫升,每3天1次。还可每亩释放草蛉5 000～6 000头,也可喷洒棉铃虫病毒、7216等生物农药防治初孵幼虫,同时注意保护利用其他天敌。千方百计压低二代棉铃虫基数。

4. 化学防治　当芝麻田二代、三代棉铃虫达到防治指标(高产芝麻田二代棉铃虫每百株累计卵量250粒或中产芝麻田150粒、低产芝麻田80粒)时,应马上全面防治。关键是要抓住卵孵化盛期至2龄盛期,幼虫蛀蒴前喷洒10.8%凯撒乳油每亩10~15毫升或32.8%保棉丹乳油80毫升、42%特力克乳油80毫升对水75千克、2.5%天王星乳油3 000倍液、1.8%阿维菌素乳剂4 000~5 000倍液,20%灭多威乳油1 500倍液、2.5%氯氰灵乳油1 500倍液、20%农绿宝乳油1 500倍液、20%虫死净可湿性粉剂2 000倍液、45%丙·辛乳油1 500倍液,均对抗性棉铃虫有效。40%水胺硫磷乳油2 000倍液、43%辛·氟氯氰乳油1 500倍液对棉铃虫卵和幼虫毒力较高。

在对棉铃虫防治时,应注意交替轮换用药,以避免棉铃虫产生抗药性。还要保护芝麻顶尖,把药集中喷在顶部叶片上,以保护蒴果不受害或少受害。

四、蟋蟀

(一)蟋蟀的发生及危害

蟋蟀俗称促织、蛐蛐儿、蟋蟀欻、蟀子,是直翅目昆虫的一科,啃食植物茎叶、种子和根部,都是农业害虫。身体呈黑色至褐色,头部有长触角,后腿粗大善跳跃,极具爆发力(如彩插17所示)。其雄性好争斗,两翅摩擦能发出声响。以昼伏夜出的为多,生性孤僻,通常一穴一虫,发情期,雄虫才招揽雌蟋蟀同居一穴。为了方便听到公蟋蟀的求偶鸣声,蟋蟀具有位于前脚关节略下方的耳鼓。每种蟋蟀的鸣声不尽相同。雌虫不发声,俗称三尾子。

蟋蟀通常1年发生1代,以卵在泥土中越冬。若虫共6龄,4月下旬至6月上旬若虫孵化出土,7~8月为大龄若虫发生盛期,8月初成虫开始涌现,9月为发生盛期,10月中旬成虫开始死亡,个别成虫可存活到11月上中旬。气候条件是影响蟋蟀发生的重要因素。通常4~5月雨水多,泥土湿度大,有利于若虫的孵化出土。5~8月降大雨或暴雨,不利于若虫的生存。

蟋蟀为杂食性昆虫,啃食芝麻植株的幼苗,新出的幼苗子叶被吃光,细茎被咬断,造成缺苗断垄,甚至全田被毁重播,如彩插17所示。6月中下旬至7月上旬的夏芝麻苗期是蟋蟀大龄若虫发生盛期,9~10月是蟋蟀成虫的发生盛期,这两个时期是蟋蟀的主要危害期。啃食芝麻茎、叶、蒴果和根部,造成芝麻倒伏。尤其是近年来,随着免耕直播面积的扩大,蟋蟀危害程度加重。

(二)蟋蟀的防治

1. 翻土埋卵　蟋蟀通常将卵产于1~2厘米的土层中,冬春季耕翻地,将卵深埋于10厘米以下的土层,若虫难以孵化出土,可显著降低卵的有效孵化率。

2. 堆草诱杀　蟋蟀若虫和成虫白天有明显的隐藏习惯,在芝麻田间或地头设置一定数量5~15厘米厚的草堆,可大批诱集幼、成虫,集中捕杀,具备较好的节制效果。

3. 药剂防治　芝麻田蟋蟀发生密度大的地块,可选用50%辛硫磷乳油、50%甲胺磷乳油等稀释1 500~2 000倍喷雾。或用50克上述药液加少量水稀释后拌5千克麦麸毒饵,每亩地撒施1~2千克;鲜用50克药液加少量水稀释后拌20~25千克鲜草撒施芝麻田。因为蟋蟀活动性强,迁移速度快,防治蟋蟀时应注意连片统一防治,否则难以获取较理想的效果。

五、蓟马

(一) 蓟马的发生及危害

蓟马是缨翅目约 5 000 种昆虫的统称。体小,长 1.5~3 厘米(最小者 0.6 厘米,最大者 15 厘米),能钻入最小的花中及茎和树皮上的小缝中。取食植物汁、腐败有机质、真菌、螨类或其他小昆虫。

蓟马生活史介乎渐变态和全变态之间。在渐变态,若虫经数龄转变为成虫,此数龄期间其外形和食性均似成虫。具特征性的尾鬃。锥尾类的二期幼虫变成前蛹,管尾类的幼虫经成原蛹阶段而为前蛹。数小时至数日后前蛹变为蛹。蛹藏于土砾、植物中或茧内。梨蓟马等 1 年 1 代,葱蓟马 1 年数代。缨翅目广泛分布于世界热带及温带地区。日间活动,常紧贴于叶脉或裂缝中。若虫在叶背取食,到高龄末期停止取食,落入表土化蛹。成虫极活跃,善飞能跳,可借自然力迁移扩散。成虫怕强光,多在背光场所集中危害,阴天、早晨、傍晚和夜间才在寄主表面活动,这也是蓟马难防治的原因之一。用常规触杀性药剂时,白天喷不到虫体而见不到药效。蓟马喜欢温暖、干旱的天气,其适温为 23~28℃,适宜空气相对湿度为 40%~70%;湿度过大不能存活,当湿度达到 100%,温度达 31℃ 时,若虫全部死亡。在雨季,如遇连阴多雨,葱的叶腋间积水,易导致若虫死亡。大雨后或浇水后致使土壤板结,使若虫不能入土化蛹和蛹不能孵化成虫。

蓟马以成虫和若虫锉吸芝麻幼嫩组织(枝梢、叶片、花、蒴果等)汁液,被害的嫩叶、嫩梢变硬卷曲枯萎,植株生长缓慢,节间缩短;幼嫩蒴果被害后会硬化,严重时造成落蒴,严重影响产量和品质。嫩叶受害后使叶片变薄,叶片中脉两侧出现灰白色或灰褐色条斑,表皮呈灰褐色,出现变形、卷曲,生长势弱,易与侧多食跗线螨危害相混淆。幼果受害表皮油胞破裂,逐渐失水干缩,疤痕随果实膨大而扩展,呈现不同形状的木栓化银白色或灰白色的斑痕。但也有少部分发生在果腰等部位。疤痕蒴大约可分成三类:一是距蒴蒂约 0.5 厘米周围,有宽 2~3 毫米的环状疤痕;二是蒴果面上有一条或多条宽 1 毫米左右的不规则线状或树状疤痕;三是蒴果面出现一个或多个纽扣大小的不规则圆形疤痕。圆形疤痕常与树状疤痕相伴。在幼果期疤痕呈银白色,用手触摸,有粗糙感;在成熟蒴果上呈深红或暗红色,平滑有光泽。

(二) 蓟马的防治

1. 农业防治 根据蓟马繁殖快、易成灾的特点,应以预防为主,综合防治。早春清除田间杂草和枯枝残叶,集中烧毁或深埋,消灭越冬成虫和若虫。苗期剔除有虫株,带出田外沤肥或深埋,可减少虫源。加强肥水管理,促使植株生长健壮,减轻危害。

利用蓟马趋蓝色的习性,在田间设置蓝色粘板,诱杀成虫,粘板高度与作物持平。

2. 化学防治　可选择10%吡虫啉可湿性粉剂2 000倍液或5%啶虫脒可湿性粉剂2 500倍液,或20%毒啶乳油1 500倍液、5%溴氰菊酯1 000倍液混合喷雾,见效快,持效期长。为提高防效,农药要交替轮换使用。在喷雾防治时,应全面细致,减少残留虫口。

六、白粉虱

(一)白粉虱的发生及危害

白粉虱,同翅目粉虱科,俗名小白蛾子。

在北方,温室一年可发生10余代,白粉虱周年发生。冬季在室外不能存活,因此白粉虱是以各虫态在温室越冬并继续危害。成虫羽化后1~3天可交配产卵,也可进行孤雌生殖,其后代为雄性。成虫有趋嫩性,在寄主植物打顶以前,成虫总是随着植株的生长不断追逐顶部嫩叶产卵,白粉虱卵以卵柄从气孔插入叶片组织中,与寄主植物保持水分平衡,极不易脱落(如彩插18所示)。若虫孵化后3天内在叶背可做短距离游走,当口器插入叶组织后就失去了爬行的机能,开始营固着生活。粉虱繁殖的适温为18~21℃,在生产温室条件下,约1个月完成1代。冬季温室作物上的白粉虱,是露地春季蔬菜上的虫源,通过温室开窗通风或菜苗向露地移植而使粉虱迁入露地。因此,白粉虱可通过人为因素蔓延。白粉虱的种群数量,由春至秋持续发展,秋季数量达高峰,集中危害瓜类、豆类和茄果类蔬菜。

(二)白粉虱的防治

1. 加强检疫　要重视植物检疫工作,在引进芝麻品种时注意检查籽粒中有无粉虱类虫体,杜绝此类害虫的侵入。

2. 农业防治与生物防治相结合　要加强芝麻地中耕除草,改善芝麻田通风透光条件。开展生物防治措施,保护和利用粉虱类天敌如瓢虫、草蛉、斯氏节蚜小蜂和黄色蚜小蜂等寄生蜂。

3. 物理防治　利用白粉虱对黄色有强烈的趋势,可在桂花树旁埋插黄色木板或塑料板。板上涂黏油,然后振动桂花枝条,促使成虫飞起黏到黄板上,起到诱杀作用。也可用吸尘器吸捕成虫,降低虫口密度。

4. 化学防治　当害虫虫口密度高、危害严重而天敌又较少时,可采用化学药剂喷杀。喷药要在成虫期和幼虫盛孵期进行,药剂可用40%啶虫·毒死蜱乳剂2 000倍液、45%丙溴·辛硫磷乳剂1 000~1 500倍液、50%啶虫咪水分散粒剂3 000倍液,隔10天左右1次,防治2~3次。如遇世代重叠时,每隔7~10天喷药1次,连续喷3~4次。

七、斜纹夜蛾

（一）斜纹夜蛾的发生及危害

斜纹夜蛾（如彩插 19 所示），鳞翅目夜蛾科，别名莲纹夜蛾、莲纹夜盗蛾，分布在全国各地。

在我国华北地区年生 4~5 代，长江流域 5~6 代，福建 6~9 代，在两广、福建、台湾可终年繁殖，无越冬现象；在长江流域以北的地区，越冬问题尚无结论，推测春季虫源有从南方迁飞而来的可能性。长江流域多在 7~8 月大发生，黄河流域多在 8~9 月大发生。成虫夜间活动，飞翔力强，一次可飞数十米远，高达 10 米以上，成虫有趋光性，并对糖醋酒液及发酵的胡萝卜、麦芽、豆饼、牛粪等有趋性。成虫需补充营养，取食糖蜜的平均产卵 577.4 粒，未能取食者只能产数粒。卵多产于高大、茂密、浓绿的边际作物上，以植株中部叶片背面叶脉分叉处最多。卵发育历期：22℃约 7 天，28℃约 2.5 天。初孵幼虫群集取食，3 龄前仅食叶肉，残留上表皮及叶脉，呈白纱状后转黄，易于识别。4 龄后进入暴食期，多在傍晚出来危害。幼虫共 6 龄，发育历期：21℃约 27 天，26℃约 17 天，30℃约 12.5 天。老熟幼虫在 1~3厘米表土内筑土室化蛹，土壤板结时可在枯叶下化蛹。蛹发育历期：28~30℃约 9 天，23~27℃约 13 天。斜纹夜蛾的发育适温较高（29~30℃），因此各地严重危害时期皆在 7~10 月。

幼虫食芝麻叶、花、蒴及籽粒，严重时可将全田作物吃光。并在芝麻叶上排泄粪便，造成污染和腐烂，使之失去商品价值。

（二）斜纹夜蛾的防治

1. 诱杀成虫　结合防治其他害虫，可采用黑光灯或糖醋盆（参见地老虎）等诱杀成虫。

2. 化学防治　3 龄前为点片发生阶段，可结合田间管理，进行挑治，不必全田喷药。4龄后夜出活动，因此施药应在傍晚前后进行。药剂可选用 5% 锐劲特悬浮剂 2 500 倍液、15% 菜虫净乳油 1 500 倍液、2.5% 天王星或 20% 灭扫利乳油 3 000 倍液、5.7% 百树菊酯乳油 4 000 倍液、10% 吡虫啉可湿性粉剂 2 500 倍液、5% 来福灵乳油 2 000 倍液、5% 抑太保乳油 2 000 倍液、20% 米满胶悬剂 2 000 倍液、44% 速凯乳油 1 000~1 500 倍液、4.5% 高效顺反氯氰菊酯乳油 3 000 倍液等，10 天 1 次，连用 2~3 次。

八、甜菜夜蛾

（一）甜菜夜蛾的发生及危害

甜菜夜蛾又名贪夜蛾、玉米叶夜蛾，属鳞翅目夜蛾科，其食性杂，危害广。我国芝麻产区都有发生，局部地区危害严重。常将幼苗生长点咬断，或把叶片吃成孔洞、缺刻，或将叶片全部吃光，仅剩叶脉、叶柄和落秆，影响植株正常生长。除危害芝麻外，还危害玉米、高粱、大豆、甜菜、棉花、各种蔬菜及杂草（如彩插20所示）。

甜菜夜蛾1年发生3～4代,第一代幼虫在6月下旬至7月上旬发生,第二代在8月上中旬,第三代在9月上中旬,第四代在10月上中旬。以第二代、第三代危害最重。初孵幼虫常群集于叶的背面,吐丝结网,咬食叶肉。幼虫昼出夜伏,有假死性,略受震动虫体即蜷曲下落。老熟幼虫大多钻入表土裂缝中筑室化蛹越冬。成虫白天不活动,常隐避在植株茂密及杂草丛生的地方或土壤缝隙内,傍晚飞出交尾产卵,晚上8～12时活动最盛。成虫喜产卵,在叶色浓绿植物中部叶片背面,呈块状,1头雌蛾产卵3～5块,每块300～500粒,多的达2 000粒左右,成虫具有较强的趋化性及趋光性。

（二）甜菜夜蛾的防治

1. 农业防治　江苏、陕西以北以蛹越冬的地区,晚秋要深翻地,消灭部分越冬蛹,减轻翌年发生。幼虫化蛹盛期进行灌溉或中耕,可减轻危害。除草灭虫,消除成虫部分产卵场所,可减少幼虫早期食料来源。根据成虫发生早晚,利用其趋光、喜食蜜源植物等习性,夜晚设置黑光灯诱杀成虫。用杨树枝捆扎成束喷上氧化乐果插在田间,对诱杀成虫也有一定效果。

2. 化学防治　在卵孵化盛期及1龄、2龄幼虫高峰期,喷洒50%辛硫磷乳油1 500倍液或25%爱卡士乳油1 500倍液、5%抑太保乳油3 000～4 000倍液、25%灭幼脲3号悬浮剂1 000倍液、20%灭扫利乳油3 000倍液。防治时应注意把药剂均匀喷到叶尖和幼果上及叶背面,做到两面喷透,灭卵。

九、芝麻天蛾

（一）芝麻天蛾的发生及危害

危害芝麻的天蛾主要是灰腹天蛾,属鳞翅目天蛾科,俗称芝麻鬼脸天蛾、茄天蛾、猴天蛾、人面天蛾、灰腹天蛾。国外分布于日本、马来西亚、印度、斯里兰卡等国,国内分布于河南、山西、山东、湖北、浙江、江苏、江西及广东等省区。幼虫食害芝麻叶片,食量很大,严重时叶片被吃光。有时也危害嫩茎和蒴果,使芝麻不能结实,发生数量多时,对产量影响很大,个别年份局部发生较重。除危害芝麻外,还危害马铃薯、茄子、马鞭草科、豆科、木樨科、唇形科等植物（如彩插21所示）。

芝麻天蛾在河南、湖北每年发生一代,幼虫危害盛期为7～8月。在江西、广东、广西每年发生两代,第一代幼虫发生在7月中下旬,第二代发生在9月。蛹在土内土室中越冬。在河南越冬蛹于翌年5月下旬至6月上旬羽化为成虫,6月中下旬产卵,7月中下旬幼虫危害盛期,8月上中旬至9月上旬,幼虫老熟后入土化蛹越冬。在湖北地区,成虫6月上旬出现,多在夜间活动,6月中下旬产卵,7月下旬,芝麻生长后期,为幼虫危害盛期,8月上旬到9月上旬,老熟幼虫化蛹。江西南昌灯下成虫有三次出现:在5月上旬至6月上旬;在7月中旬至8月中旬;在9月上旬至10月上旬。广西6月下旬可看到卵,7月中下旬幼虫大量发生,8月上旬化蛹后,下旬羽化为成虫,9月发生第二代幼虫,卵散产于叶片上,幼虫孵化后食芝麻叶片、嫩茎及嫩蒴,可转株危害,老熟后入土6～10厘米筑土室化蛹。成虫昼伏夜出,有趋光性。卵散产于叶的正面或背面,成虫受惊后,腹部间摩擦可发出吱吱声。幼虫孵化后先集中于嫩叶上危害,3龄后食量大增,有转株危害习性。老龄幼虫食量倍增,抗药性强,因此,必须防治于3龄以前。

(二)芝麻天蛾的防治

1. 人工捕捉与诱杀　芝麻天蛾3龄以上幼虫,体大易见,可用人工捕杀。对成虫可利用其趋光性,在成虫盛发期用黑光灯诱杀。

2. 化学防治　幼虫期用25%灭幼脲3号悬浮剂500～600倍液、10%吡虫啉可湿性粉剂1 500倍液、25%喹硫磷乳油1 500倍液、20%溴氰菊酯乳油2 000倍液喷雾。采收前9天停止用药。

第三节

芝麻主要地下害虫种类及防治

一、地老虎

(一)地老虎的发生及危害

地老虎俗称地蚕、土蚕、切根虫、夜蛾虫等。危害芝麻的地老虎主要为小地老虎、大地老虎和黄地老虎,均属鳞翅目夜蛾科。这3种地老虎危害在全国芝麻产区都普遍发生,咬食嫩茎叶,常引起芝麻缺苗断垄。除危害芝麻外,还危害棉花、玉米、高粱、烟草、马铃薯、麻类及各种蔬菜、瓜类等幼苗(如彩插22所示)。

1. 小地老虎　小地老虎每年发生代数由北至南不等,黑龙江2代,北京3～4代,江苏5代,福州6代。越冬虫态、地点在北方地区至今不明,据推测,春季虫源系迁飞而来;在长江流域能以老熟幼虫、蛹及成虫越冬;在广东、广西、云南则全年繁殖危害,无越冬现象。成虫夜间活动、交配产卵,卵产在5厘米以下矮小杂草上,尤其在贴近地面的叶背或嫩茎上,如小旋花、小蓟、藜、猪毛菜等,卵散产或成堆产,每雌虫平均产卵800～1 000粒。成虫对黑光灯及糖醋酒等趋性较强。幼虫共6龄,3龄前在地面、杂草或寄主幼嫩部位取食,危害不大;3龄后昼间潜伏在表土中,夜间出来危害,动作敏捷,性残暴,能自相残杀。老熟幼虫有假死习性,受惊缩成环形。幼虫发育历期:15℃67天,20℃32天,30℃18天。蛹发育历期12～18天,越冬蛹则长达150天。小地老虎喜温暖及潮湿的条件,最适发育温区为13～25℃,在河流湖泊地区或低洼内涝、雨水充足及常年灌溉地区,如属土质疏松、团粒结构好、保水性强的壤土、黏壤土、沙壤土均适于小地老虎的发生。尤在早春菜田周缘杂草多,可提供产卵场所,或蜜源植物多,可为成虫提供补充营养的情况下,将会形成大量的虫源,灾害发生严重。幼虫将芝麻幼苗近地面的茎部咬断,使整株死亡,造成缺苗断垄,严重的甚至毁种。

2. 大地老虎

大地老虎(如彩插23所示)年生1代,以幼虫在田埂杂草丛及绿肥田中表土层越冬,长江流域3月初出土危害,5月上旬进入危害盛期,气温高于20℃则滞育越夏,9月中旬开始化蛹,10月上中旬羽化为成虫。每雌可产卵1 000粒,卵期11~24天,幼虫期300多天。

3. 黄地老虎

黄地老虎(如彩插24所示)在东北、内蒙古年生2代,西北2~3代,华北3~4代。一年中春、秋两季危害,但春季危害重于秋季。一般以4~6龄幼虫在2~15厘米深的土层中越冬,以7~10厘米最多,翌春3月上旬越冬幼虫开始活动,4月上中旬在土中做室化蛹,蛹期20~30天。华北5~6月危害最重,黑龙江6月下旬至7月上旬危害最重。成虫昼伏夜出,具较强趋光性和趋化性。习性与小地老虎相似,幼虫以3龄以后危害最重。幼虫多从地面上咬断幼苗,主茎硬化后,可爬到上部危害生长点。

(二)地老虎的防治

1. 农业防治

(1)田间管理 清洁田园,铲除地边、田埂和路边的杂草;实行秋耕冬灌、春耕耙地,结合整地人工铲埂等,可杀灭虫卵、幼虫和蛹。

(2)种植诱集植物 在华北地区利用小地老虎、黄地老虎喜产卵在芝麻幼苗上的习性,种植芝麻诱集产卵植物带,引诱成虫产卵,在卵孵化初期铲除并携出田外集中销毁,如需保留诱集用芝麻,在3龄前喷洒90%晶体敌百虫1 000倍液防治。

2. 物理防治

(1)诱杀成虫 用糖醋液或黑光灯诱杀越冬代成虫,在春季成虫发生期设置诱蛾器(盆)诱杀成虫。

(2)诱捕幼虫 地老虎多在3龄后开始取食时,应用采用新鲜泡桐叶,用水浸泡后,每亩50~70片叶,于1代幼虫发生期的傍晚放入芝麻田内,翌日清晨人工捕捉。也可采用鲜草或菜叶,在芝麻田内撒成小堆诱集捕捉,每亩20~30千克。

3. 化学防治 在幼虫3龄前施药防治,可取得较好效果。

(1)撒施毒土 用50%辛硫磷乳油0.5千克加适量水喷拌细土125~175千克制成毒土,每亩撒施毒土20~25千克。

(2)喷雾 可用90%晶体敌百虫800~1 000倍液、50%辛硫磷乳油800倍液、50%杀螟硫磷1 000~2 000倍液、20%菊杀乳油1 000~1 500倍液、2.5%溴氰菊酯(敌杀死)乳油3 000倍液喷雾。

(3)毒饵 多在3龄后开始取食时应用,每亩用90%晶体敌百虫1 000倍液均匀拌在切碎的鲜草上,或用50%辛硫磷乳油50克拌在5千克棉籽饼上,制成的毒饵于傍晚在芝麻田内每隔一定距离撒成小堆。

(4)灌根 在虫龄较大、危害严重的芝麻田,可用80%敌敌畏乳油、50%辛硫磷乳油或50%二嗪农乳油1 000~1 500倍液灌根。

116

二、金针虫

（一）金针虫的发生及危害

1. 沟金针虫　鞘翅目叩头虫科，别名沟叩头虫、沟叩头甲、土蚰蜒、芨芨虫、钢丝虫（如彩插 25 所示），主要分布在我国的北方。

沟金针虫 2～3 年 1 代，以幼虫和成虫在土中越冬。在河南南部，越冬成虫于 2 月下旬开始出蛰，3 月中旬至 4 月中旬为活动盛期，白天潜伏于表土内，夜间出土交配产卵。雌虫无飞翔能力，每雌产卵 32～166 粒，平均产卵 94 粒；雄成虫善飞，有趋光性。卵发育历期 33～59 天，平均 42 天。5 月上旬幼虫孵化，在食料充足的条件下，当年体长可至 15 毫米以上，到第三年 8 月下旬，幼虫老熟，于 16～20 厘米深的土层内做土室化蛹，蛹期 12～20 天，平均约 16 天。9 月中旬开始羽化，当年在原蛹室内越冬。在北京，3 月中旬 10 厘米深，土温平均为 6.7℃时，幼虫开始活动；3 月下旬土温达 9.2℃时，开始危害，4 月上中旬土温为 15.1～16.6℃时危害最烈。5 月上旬土温为 19.1～23.3℃时，幼虫则渐趋 13～17 厘米深土层栖息；6 月 10 厘米土温达 28℃以上时，沟金针虫下潜至深土层越夏。9 月下旬至 10 月上旬，土温下降到 18℃左右时，幼虫又上升到表土层活动。10 月下旬随土温下降幼虫开始下潜，至 11 月下旬 10 厘米土温平均 1.5℃时，沟金针虫潜于 27～33 厘米深的土层越冬。由于沟金针虫雌成虫活动能力弱，一般多在原地交尾产卵，故扩散危害受到限制，因此在虫口高的田内一次防治后，在短期内种群密度不易回升。

幼虫在土中取食播种下的种子、萌出的幼芽、农作物和菜苗的根部，致使作物枯萎致死，造成缺苗断垄，甚至全田毁种。

2. 细胸金针虫　鞘翅目叩头虫科，别名细胸叩头虫、细胸叩头甲、土蚰蜒（如彩插 26 所示）。

细胸金针虫分布于北起黑龙江、内蒙古、新疆，南至福建、湖南、贵州、广西、云南。我国北方地区，在东北地区约 3 年 1 代。6 月中下旬成虫羽化，活动能力强，对刚腐烂的禾本科草类有趋性。6 月下旬至 7 月上旬为产卵盛期，卵产于表土内。在黑龙江克山地区，卵发育历期 8～21 天。幼虫喜潮湿及微偏酸性的土壤，一般在 5 月 10 厘米土温 7～13℃时，危害严重，7 月上中旬土温升至 17℃时即逐渐停止危害。危害同沟金针虫。

（二）金针虫的防治

1. 加强虫情预测预报　每平方米沟金针虫数量达 1.5 头，细胸金针虫 3 头以上为严重发生，即应采取防治措施。调查的时间一般从夏收后到播种前进行。

2. 农业防治

（1）合理安排茬口　前茬为油菜的地块，常会引起细胸金针虫的严重危害，这与细胸金针虫成虫的取食与活动有关。

（2）避免施用未腐熟的厩肥　金针虫成虫对未腐熟的厩肥有强烈趋性，常将卵产于其内，如施入田中，则会带入大量虫源。

（3）合理施用化肥　碳酸氢铵、腐殖酸铵、氨水、氨化过磷酸钙等化学肥料，散发出氨气对细胸金针虫等地下害虫具有一定的驱避作用。

(4) 合理灌溉　土壤温湿度直接影响着细胸金针虫的活动,对于细胸金针虫,发育最适宜的土壤含水量为 15% ~ 20% ,土壤过干过湿,均会迫使细胸金针虫向土壤深层转移,如持续过干或过湿,则使其卵不能孵化,幼虫致死,成虫的繁殖和生活力严重受阻。因此,在细胸金针虫发生区,在不影响作物生长发育的前提下,对于灌溉要合理地加以控制。

3. 药剂防治　在芝麻播种前或移植前施用 3% 福气多颗粒剂,每亩 2 ~ 6 千克,混干细土 50 千克均匀撒在地表,深耙 20 厘米,也可撒在定植穴或栽植沟内,防效可达 6 周。要选用 50% 辛硫磷乳油 1 000 倍液、25% 爱卡士乳油 1 000 倍液、40% 氧乐果乳油 1 000 倍液、90% 敌百虫晶体 1 000 倍液喷洒或灌杀。

三、蝼蛄

(一) 蝼蛄的发生及危害

1. 华北蝼蛄　直翅目蝼蛄科,别名单刺蝼蛄、大蝼蛄、拉拉蛄、地拉蛄、土狗子、地狗子(如彩插 27 所示),分布在北纬 32°以北地区。

华北蝼蛄 3 年左右完成 1 代。北京、山西、河南、安徽以 8 龄以上若虫或成虫越冬。春天成虫开始活动,6 月开始产卵,6 月中下旬孵化为若虫,进入 10 ~ 11 月以 8 ~ 9 龄若虫越冬。第二年越冬若虫于 4 月上中旬活动危害,经 3 ~ 4 次蜕皮,到秋季以大龄若虫越冬,第三年春又开始活动,8 月上中旬若虫老熟后,最后再蜕一次皮羽化为成虫,补充营养后又越冬,直到第四年。该虫完成 1 代 1125 ~ 1137 天,其中卵期 11 ~ 23 天,若虫 12 龄历期 736 天,成虫期 378 天。黄淮海地区 20 厘米土温达 8℃的 3 月、4 月即开始活动,交配后在土中 15 ~ 30 厘米处做土室,雌虫把卵产在土室中,产卵期 1 个月,产 3 ~ 9 次,每雌平均卵量 288 ~ 368 粒,雌虫守护到若虫 3 龄后,成虫夜间活动,有趋光性。4 ~ 11 月危害芝麻等多种农作物播下的种子和幼苗。成虫、若虫均在土中活动,取食播下的种子、幼芽或将幼苗咬断致死,受害的植株根部呈乱麻状。由于蝼蛄的活动将表土层串成许多隧道,使苗根脱离土壤,致使芝麻幼苗因失水而枯死,严重时造成缺苗断垄。在温室条件下,由于气温高,蝼蛄活动早,加之幼苗集中,受害更重。

2. 东方蝼蛄　直翅目蝼蛄科,别名非洲蝼蛄、小蝼蛄、拉拉蛄、地拉蛄、土狗子、地狗子、水狗(如彩插 28 所示)。国内从 1992 年改为东方蝼蛄,分布在全国各地。

东方蝼蛄在北方地区 2 年发生 1 代,在南方 1 年 1 代,以成虫或若虫在地下越冬。清明后上升到地表活动,在洞口可顶起一小虚土堆。5 月上旬至 6 月中旬是蝼蛄最活跃的时期,也是第一次危害高峰期,6 月下旬至 8 月下旬,天气炎热,转入地下活动,6 ~ 7 月为产卵盛期。9 月气温下降,再次上升到地表,形成第二次危害高峰,10 月中旬以后,陆续钻入深层土中越冬。蝼蛄昼伏夜出,以夜间 9 ~ 11 时活动最盛,特别在气温高、湿度大、闷热的夜晚,大量出土活动。早春或晚秋因气候凉爽,仅在表土层活动,不到地面上,在炎热的中午常潜至深土层。蝼蛄具趋光性,并对香甜物质,如半熟的谷子、炒香的豆饼、麦麸,以及马粪等有机肥,具有强烈趋性。成虫、若虫均喜松软潮湿的壤土或沙壤土,20厘米表土层含水量20%以上最适宜,小于15%时活动减弱。当气温在12.5~19.8℃,20厘米土温为15.2~19.9℃时,对蝼蛄最适宜,温度过高或过低时,则潜入深层土中。

东方蝼蛄危害芝麻造成枯心苗,导致芝麻茎基部被咬,严重的被咬断,呈撕碎的麻丝状,心叶变黄枯死,受害植株易拔起,茎上无蛀孔,无虫粪。东方蝼蛄还有与华北蝼蛄类似的危害特点,参见华北蝼蛄。

(二)蝼蛄的防治

1. 农业防治　深翻土壤、精耕细作造成不利蝼蛄生存的环境,减轻危害;夏收后,及时翻地,破坏蝼蛄的产卵场所;施用腐熟的有机肥料,不施用未腐熟的肥料;在蝼蛄危害期,追施碳酸氢铵等化肥,散出的氨气对蝼蛄有一定驱避作用;秋收后,进行大水灌地,使向深层迁移的蝼蛄,被迫向上迁移,在结冻前深翻,把翻上地表的害虫冻死;实行合理轮作,改良盐碱地,有条件的地区实行水旱轮作,可消灭大量蝼蛄、减轻危害。

2. 物理防治

(1)灯光诱杀　蝼蛄发生危害期,在田边或村庄利用黑光灯、白炽灯诱杀成虫,以减少田间虫口密度。

(2)人工捕杀　结合田间操作,对新拱起的蝼蛄隧道,采用人工挖洞捕杀虫、卵。

3. 药剂防治

(1)防治指标　当田间每平方米有蝼蛄0.3~0.5头或0.5头以上时,即应该进行防治。

(2)防治方法

1)播种时施用毒谷　用40%甲基异柳磷乳油50毫升或50%辛硫磷乳油100毫升,对水2~3千克,拌麦种(或麦麸)50千克,拌后堆闷2~3小时。对蝼蛄、蛴螬、金针虫防效好。

2)种子处理　播种前,用50%辛硫磷乳油,按种子重量0.1%~0.2%拌种,堆闷12~24小时后播种。

3)毒饵诱杀　一般把麦麸等饵料炒香,每亩用饵料4~5千克,加入90%敌百虫的30倍水溶液150毫升左右,再加入适量的水拌匀成毒饵,于傍晚撒于地面,施毒饵前能先灌水,保持地面湿润,效果尤好。

4)土壤处理　当蝼蛄发生危害严重时,每亩用3%辛硫磷颗粒剂1.5~2千克,对细土15~30千克混匀撒于地表,在耕耙或栽植前沟施毒土。

5)灌浇药液　可用50%辛硫磷乳油或20%甲基异柳磷乳油2000倍液浇灌虫道。

四、蛴螬

(一)蛴螬的发生及危害

蛴螬(如彩插29所示)是鞘翅目金龟甲总科幼虫的总称。金龟甲按其食性可分为植食性、粪食性、腐食性三类。植食性种类中以鳃金龟科和丽金龟科的一些种类发生普遍,危害最重。蛴螬大多食性极杂,同一种蛴螬不仅危害芝麻而且常可危害多种蔬菜、油料、芋、棉、牧草以及花卉和果、林等播下的种子及幼苗。

蛴螬年生代数因种、因地而异。这是一类生活史较长的昆虫,一般1年一代,或2~3年一代,长者5~6年一代。如大黑鳃金龟2年一代,暗黑鳃金龟、铜绿丽金龟1年一代,小云斑鳃金龟在青海4年一代,大栗鳃金龟在四川甘孜地区则需5~6年一代。蛴螬共3龄。1龄、2龄期较短,第3龄期最长。蛴螬幼虫终生栖生土中,其活动主要与土壤的理化特性和温湿度等有关。在一年中活动最适的土温平均为13~18℃,高于23℃,即逐渐向深土层转移,至秋季土温下降到其活动适宜范围时,再移向土壤上层。因此蛴螬对果园苗圃、幼苗及其他作物的危害主要是春、秋两季最重。蛴螬幼虫喜食刚刚播下的种子、根、茎以及幼苗等,造成缺苗断垄。成虫则喜食叶和花器,是一类分布广,危害重的害虫。

(二)蛴螬的防治

1. 虫情预测测报　调查虫口密度,掌握成虫发生盛期及时防治成虫。

2. 农业防治　应抓好蛴螬的防治,如大面积秋、春耕,并随犁随拾虫;避免施用未腐熟的厩肥,减少成虫产卵;合理灌溉,即在蛴螬发生严重地块,合理控制灌溉,或及时灌溉,促使蛴螬向土层深处转移,避开幼苗最易受害时期。

3. 化学防治

(1)土壤处理　如用50%辛硫磷乳油每亩200~250克,加水10倍,喷于25~30千克细土上拌匀成毒土,顺垄条施,随即浅锄,或以同样用量的毒土撒于种沟或地面,随即耕翻,或混入厩肥中施用,或结合灌水施入;或用2%甲基异柳磷粉剂2~3千克拌细土25~30千克成毒土,或用3%甲基异柳磷颗粒剂,或5%辛硫磷颗粒剂,或5%地亚农颗粒剂,每亩2.5~3千克处理土壤,都能收到良好效果,并兼治金针虫和蝼蛄。

(2)种子处理　当前用于拌种用的药剂主要有50%辛硫磷,其用量一般为药剂(1):水(30~40):种子(400~500);也可用25%辛硫磷胶悬剂等有机磷药剂。或用种子重量2%的35%克百威种衣剂拌种,亦能兼治金针虫和蝼蛄等地下害虫。

(3)使用毒饵　每亩用25%辛硫磷胶悬剂150~200克拌谷子或麦麸等饵料5千克左右,或50%辛硫磷乳油50~100克拌饵料3~4千克,撒于种沟中,兼治蝼蛄、金针虫等地下害虫。

第四节

杂草的发生及分布

一、田间杂草的种类

根据对全国主要芝麻产区地块的调查结果,我国芝麻田杂草共66种。其中,禾本科杂草16种;莎草科5种;阔叶类杂草45种,分别隶属于25个科。禾本科杂草占发生杂草种类的24.2%,阔叶杂草及莎草科杂草占杂草发生总数的75.8%。一年生杂草约占杂草发生数量的81%,多年生杂草占杂草发生总数约19%。

二、田间杂草的发生与分布

芝麻田杂草主要在5月下旬到6月中旬有一个出苗高峰期,出苗数占总数的95%~98%,此时正值高温多雨,杂草萌发速度快、单株生长量大且快速生长,而芝麻苗尚小,生长缓慢,竞争不过杂草。若再遇到连续阴雨天气,很容易造成草荒。到7月中下旬后,芝麻田中后生的杂草由于受到高大芝麻植株的荫蔽和抑制作用,很难造成明显危害。

在全国分布广泛并主要发生的芝麻田杂草有马唐、马齿苋、反枝苋、牛筋草、狗尾草、香附子、刺苋等。以下重点介绍这几种杂草的发生规律与分布。

(一)马唐

马唐,别名抓地龙(如彩插30所示),一年生草本。苗期4~6月,花果期6~11月。种子繁殖,边成熟边脱落,繁殖力极强。秋熟旱作地恶性杂草。发生数量、分布范围在旱地杂草中均居首位,以作物生长的前中期危害为主。

(二)马齿苋

马齿苋(如彩插31所示),别名马齿菜、马蛇子菜、马菜,一年生草本。春、夏季都有幼苗发生,盛夏开花,夏末秋初果熟。在蔬菜、芝麻、大豆、棉花等作物地块危害严重,为秋熟旱作田的主要杂草。

(三)反枝苋

反枝苋(如彩插32所示),别名西风谷、野苋菜、人苋菜,一年生草本。华北地区早春萌发,4月初出苗,花期7~8月,果8~9月,种子边成熟边脱落。为芝麻和玉米等旱作地及菜园、果园、荒地和路旁常见杂草,局部地区危害重。反枝苋分布广泛,喜湿润环境,比较耐旱,适应性强。

(四)牛筋草

牛筋草(如彩插33所示),别名蟋蟀草,一年生草本。5月初出苗,并很快形成第一次出苗高峰,而后于9月出现第二次高峰。颖果于7~10月陆续成熟,边成熟边脱落,种子经冬季休眠后萌发,种子繁殖。多生长于荒芜之地、田间、路旁,为秋熟旱作物田危害较重的恶性杂草。

(五)狗尾草

狗尾草(如彩插34所示),别名谷莠子、莠,一年生草本。4~5月出苗,5月中下旬形成高峰,以后随降雨和灌水还会出现小高峰,7~9月陆续成熟,种子经冬眠后萌发,种子繁殖。荒野、路边等生境发生最多,为秋熟旱作地主要杂草之一。对玉米、芝麻、大豆、谷子、高粱、马铃薯、甘薯和果、桑、茶园则发生危害更甚。

（六）香附子

香附子（如彩插 35 所示），别名莎草、香头草，多年生草本。香附子在 4 月发芽出苗，6～7 月抽穗开花，8～10 月结籽成熟。多以块茎繁殖。为秋熟旱作物田间杂草。喜生于疏松性土壤上，于沙土地发生较为严重，严重影响作物的前期生长发育。分布遍及全国各地，也是世界广布性的重要杂草。

（七）刺苋

刺苋（如彩插 36 所示），别名刺苋菜，一年生草本。苗期4～5月，花期7～8月，果期8～9月。为蔬菜地主要杂草，局部地区危害较为严重，亦发生于秋熟旱作物田。

第五节

芝麻田间杂草防治技术

农田杂草的防治方法主要有人工防治、化学防治、机械防治、替代控制和生态防治等。

一、人工防治技术

（一）控制杂草种子

大田人工防除首先是尽量勿使杂草种子或繁殖器官进入芝麻田，清除地边、路旁的杂草，严格杂草检疫制度，精选播种材料，特别注意国内没有或尚未广为传播的杂草，必须严禁输入或严加控制，以防止扩散，减少田间杂草来源。用杂草沤制农家肥时，应将农家含有杂草种子的肥料经过用薄膜覆盖，高温堆沤 2～4 周，腐熟成有机肥料，杀死其发芽力后再用。

（二）人工除草

结合农事管理活动，如在杂草萌发后或生长时期直接进行人工拔除或铲除，或结合中耕施肥等农耕措施剔除杂草。

二、化学防治技术

利用芝麻和杂草的土壤位差和空间位差，通过化学除草剂土壤处理或茎叶处理杀死杂草。主要特点是高效、省工，免去繁重的田间除草劳动。化学除草的关键是要强调一个"早"字，必须在杂草萌芽时或 4 叶期以前将其杀死，这样才能避免杂草可能造成的危害。

（一）播后芽前进行地表封闭

每亩用50%乙草胺乳油70～100毫升，或72%异丙甲草胺（都尔）乳油150毫升，或48%拉索乳油200～250毫升，对水40～50千克稀释后均匀喷雾。要注意保持土壤湿润，在施药后50天内不宜进行中耕松土，以免破坏药层而影响除草效果。

（二）芝麻出苗后使用选择性除草剂

杂草2～3叶期，将药剂稀释后直接喷于杂草茎叶上。每亩用10.8%高效盖草能乳油20～30毫升，加水50千克稀释后喷雾。并要注意保持田间湿润，在施药后20天内不宜进行中耕松土。

（三）苗后茎叶喷雾

芝麻出苗后，在杂草2～4叶期，于晴朗无风的天气进行施药。可用12%收乐通乳油25～35毫升/亩，或10.8%高效盖草能乳油25～30毫升/亩，或15%精稳杀得乳油50～75毫升/亩，对水20～30千克喷雾，在土壤水分适宜、杂草生长旺盛时施药，对1年生和多年生禾本科杂草有很好的防除效果。对禾本科杂草与阔叶杂草混生田，在禾本科杂草3～5叶期、阔叶杂草2～4叶期，用盖草能与苯达松、虎威等适量混用，可达到有效防除杂草的目的。

三、农业防治技术

结合农事活动，利用农机具或大型农业机械进行各种耕、翻、耙、中耕松土等措施进行播种前、出苗前及各生育期等到不同时期除草，直接杀死、刈割或铲除杂草，主要有春播田秋冬早耕、夏播田播种前耕地、适度深耕、苗期机械中耕等。据调查春播田秋耕比春耕杂草减少24.5%。适当深耕，耕深达30～50厘米，配合增施肥料，以消灭杂草繁殖体，降低表层土壤杂草种子的萌发率。

四、其他防治技术

（一）替代控制

即利用覆盖、遮光等原理，用塑料薄膜覆盖或播种其他作物（或草种）等方法进行除草。

（二）合理轮作

采用种植芝麻与小麦、玉米两年三作，有利于改变杂草群体，减少伴随性杂草种群，可有效减少杂草基数，控制杂草危害。

第八章

工业"三废"对芝麻的危害与防控策略

本章导读：环境污染不仅直接危害人类的健康与安全，而且对芝麻生长发育带来很大的危害，如引起严重减产、降低品质、积累毒素等。本章主要介绍工业粉尘、工业废气和工业废液对芝麻的危害及防救策略，旨在使读者了解环境污染对芝麻的生育影响，以减少工业污染对芝麻造成的损失。

随着近代工业的发展,厂矿、居民区、现代交通工具等所排放的粉尘、废气和废水越来越多,扩散范围越来越大,再加上现代农业因大量使用农药、化肥等化学物质,引起残留的有害物质增加,环境污染日趋严重。

工业污染可分为工业粉尘、工业废气和工业废液。控制和治理工业污染不仅是维持和提高区域性环境质量、保护作物生长环境和人体健康的迫切需要,也是社会经济可持续发展的迫切需求。

第一节
工业粉尘对芝麻的危害与防救策略

环境污染是关系到人类生存的严峻问题,受到当今世界各国的普遍关注和重视。我国大气污染总体上仍十分严重,且有继续恶化的趋势。粉尘是危害大气环境质量的主要因素之一。粉尘污染不仅破坏环境空气质量,影响人体的健康,同时也会对植被造成不可估量的伤害。

粉尘基本性质有多种表示方法,了解和掌握粉尘的性质,对防治粉尘污染对芝麻的影响有重要意义。粉尘广义的概念是构成物体的最简单的物质如电子、质子、中子、光子、介子、超子、变子、反粒子等细小颗粒,又称为固体粒子。这种固体粒子的堆积状态叫作粉体。能在空气中分散一定时间的固体粒子叫作粉尘。粉尘是一种分散系,该分散系中的介质是空气,分散相是固体粒子。这种分散系叫作气溶胶。分散于空气中的粉尘,多数以不均匀、不规则和不平衡的复杂运动状态存在,只有大于10微米的颗粒,才依靠其重力做种种形式的沉降运动。

粉尘划分

如果是燃料燃烧过程中产生的微粒物,其直径大于1微米的部分称为煤尘,直径小于0.1微米的部分称为煤烟。

粉尘直径大于10微米的颗粒,在大气中很容易自然沉降,称为降尘。

直径小于10微米的颗粒,因其在大气中长时间飘浮而不易沉降下来,故称为飘尘。

飘尘中,粒径小于0.1微米称为浮尘,粒径在0.25~10微米的称为云尘。

在工业生产中由于物料的破碎、筛分、堆放、转运或其他机械处理而产生的直径介于1~100微米的固体微粒称为粉尘或灰尘。粉尘的成分十分复杂、各种粉尘均不同。所谓粉尘的成分主要是指化学成分,有时指形态。一般说来,化学成分常影响到燃烧、爆炸、腐蚀、露点等,而形态成分常影响到除尘效果等。

工业粉尘,主要来源于固体物料的机械粉碎和研磨,粉状物料的混合、筛分、包装及运输,物质燃烧产生的烟尘和物质被加热时产生的蒸气在空气中的氧化和凝结等。按其性质可分为无机粉尘和有机粉尘。前者是在无机物产品生产过程中产生的。此外,还有两种粉尘的混合尘。按其来源工业粉尘分为锅炉尘、水泥尘、钢铁尘、泥尘、煤炭尘等。

工业粉尘严重危害芝麻植株的正常生长发育,有毒的金属粉尘和非金属粉尘进入植物体后,可能引起中毒致其死亡。

一、工业粉尘的发生及危害

（一）芝麻体内有毒物积累

工业粉尘中含有多种一次性污染物(如苯、一氧化碳、有机铅化合物、二氧化硫)、悬浮颗粒物(如烟、金属镉、钴、铜、锌等)和惰性粉尘,改变芝麻叶表面特性,产生严重的次生胁迫或者允许有毒金属渗透和有毒气体污染物进入植物组织,使得芝麻植株体内的有毒物质含量积累。

（二）影响土壤环境

工业粉尘对芝麻的影响也可能是通过改变土壤化学性质而间接作用于植物。水泥粉尘通过水合作用和结晶作用,在土壤表面形成一个硬的外壳,影响土壤的物理、化学和生物性质,导致重污染区的土壤孔隙性和持水能力下降,降低了有机碳含量,造成芝麻生长受阻。工业粉尘污染会导致土壤有机物质分解缓慢,可能是由于高 pH 值降低了微生物活性;重金属沉降导致土壤严重酸化,有效营养贫瘠,增加了土壤潜在污染物质(铝、镉)浓度,影响植物生理生态响应。

（三）影响芝麻植株形态和结构

工业粉尘可以使芝麻植株高度降低,叶片面积减小,叶片褪绿、枯斑、卷曲和脱落。受工业粉尘破坏的芝麻植株叶表面特征明显改变,如气孔堵塞,角质层瓦解,蜡质层变薄,表皮细胞频繁增加和气孔增大等。如氟化物释放使叶表面特征如蜡、角质层和表皮细胞发生明显改变。石灰石的自然碱性会破坏蜡质层。由此可见,芝麻植株沉积的各种工业粉尘,能极大地破坏植株的形态,影响植株的正常生长发育。

（四）影响芝麻水分代谢

工厂生产水泥释放出大量有毒化合物,如氟化物、镁、铅、锌、铜、铍、硫酸和盐酸等,附着于植物叶面影响植物生长。研究发现部分粉尘具有细小土壤结构,具有高比率的最大持水量(65.27%),影响芝麻正常水分代谢,产生次生胁迫。

（五）影响芝麻植株的光合作用

芝麻叶面蒙受工业粉尘可以降低光的入射和渗透,产生"阴影效应",改变植物叶片微环境,堵塞气孔,减少气体交换量,使二氧化碳同化效率降低,阻碍蒸腾作用和光合作用,影响矿物质和有机营养物质的积累,进而引起蛋白质、脂肪和产量下降。

工业粉尘可使叶绿素减少,暴露在粉尘中的叶片中总叶绿素含量的降低可归因于碱性环境,这种碱性环境是由于细胞液中粒子的化学增溶作用,使得叶绿素破坏。粉尘沉降引起光合叶绿素 a 的减少也可归因于阴影效应,粉尘覆盖可降低叶表面对光子的吸收,影响叶绿素 a 的合成。此外,叶绿素减少也可能归因于叶绿素生物合成的必需酶受工业粉尘粒子干扰而受抑制。

(六)影响芝麻植株生理功能的发挥

受工业粉尘污染严重的芝麻植株中铅、汞等重金属浓度较高,易引起不同器官中的酶活性发生变化。受污染植株的叶片和根表现出酸性磷酸酶活性升高,同时叶中硝酸盐还原酶活性降低的特点,但根中硝酸盐还原酶活性变化不大。

工业粉尘中的重金属还会干扰芝麻的各种新陈代谢过程,阻碍芝麻的花粉发芽,降低芝麻的生物量和产量。

二、工业粉尘的防治

(一)田间管理

注意田间通风降湿,合理密植,保持田间通风透光,构建合理的群体结构,以利于工业粉尘的随风清除。

(二)种植防护林、耐粉尘植物,隔离粉尘

防护林的主要作用是改善田间环境条件,降低风速,减少粉尘对芝麻植株的侵袭,滞尘防沙,保护芝麻的健康生长。

(三)土壤保墒

保持适当的田间湿度不仅可以维持芝麻植株体内适当含水量,而且能够增强芝麻植株蒸腾,增加空气湿度,是防治工业粉尘对芝麻植株危害的较佳应对措施。

(四)集成抗尘壮株芝麻高产栽培技术

健壮的芝麻植株对于工业粉尘的抵御能力较强,培育健壮植株乃御尘之本。

第二节
工业废气对芝麻的危害及防救策略

一、工业废气的发生及危害

(一)工业废气的种类

对芝麻有毒的工业废气是多种多样的,主要有二氧化硫(SO_2)、氟化氢(HF)、氯气(Cl_2)以及各种矿物燃烧的废气等。有机物燃烧时一部分未被燃烧完的碳氢化合物如乙

烯、乙炔、丙烯等对芝麻也可产生毒害作用;臭氧(O_3)与氮的氧化物如二氧化氮(NO_2)等也是对芝麻有毒的物质;其他如一氧化碳(CO)、二氧化碳(CO_2)超过一定浓度对芝麻也有毒害作用。

此外,光化学烟雾对芝麻的伤害非常严重。所谓光化学烟雾是指工厂、汽车等排放出来的氧化氮类物质和燃烧不完全的烯烃类碳氢化合物,在强烈的紫外线作用下,形成的一些氧化能力极强的氧化性物质,如臭氧、二氧化氮、醛类、硝酸过氧化乙酰等。

(二)工业废气的侵入途径与伤害方式

芝麻对工业废气敏感,容易受到伤害。因为芝麻有大量的叶片,在不断地与空气进行着气体交换,且芝麻根植于土壤之中,固定不动,无法躲避污染物的侵入。工业废气对芝麻的伤害程度和影响因素可用图6表示。废气浓度大、暴露次数多、持续时间长对芝麻的伤害就大,另外,工业废气对芝麻伤害的程度还受内外因素影响。

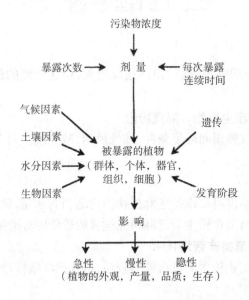

图6　大气污染对芝麻的伤害程度及影响因素

1. 侵入的部位与途径　芝麻与大气接触的主要部位是叶,所以叶最易受到工业废气的伤害。花的各种组织如雌蕊的柱头也易受污染物伤害而造成受精不良和空秕率提高。芝麻的其他暴露部分,如芽、嫩梢等也可受到侵染。

气体进入芝麻的主要途径是气孔。白天气孔张开,既有利于二氧化碳同化,也有利于有毒气体进入。有的气体直接对气孔开度有影响,如二氧化硫促使气孔张开,增加叶片对二氧化硫的吸收;而臭氧则促使气孔关闭。另外,角质层对氯化氢有相对高的透性,它是后二者进入叶肉的主要途径。

2. 伤害方式　废气中的污染物进入细胞后如积累浓度超过了芝麻敏感阈值即产生伤害,危害方式可分为急性、慢性和隐性三种。

(1)急性伤害　指在较高浓度有害气体短时间(几小时、几十分或更短)的作用下所发生的组织坏死。叶组织受害时最初呈灰绿色,然后质膜与细胞壁解体,细胞内含物进入细胞间隙,转变为暗绿色的油浸或水渍斑,叶片变软,坏死组织最终脱水而变干,并且呈现白色或象牙色到红色或暗棕色。

(2)慢性伤害 指由于长期接触亚致死浓度的污染空气,逐步破坏叶绿素的合成,使叶片缺绿,变小,畸形或加速衰老,有时在芽、花、蒴和顶梢上也会有伤害症状。

(3)隐性伤害 从植株外部看不出明显症状,生长发育基本正常,只是由于有害物质积累使代谢受到影响、导致芝麻品质和产量下降。

(三)主要工业废气对芝麻的伤害

1. 二氧化硫 硫是芝麻必需矿质元素之一,芝麻中所需的硫一部分来自大气中,因此一定浓度的二氧化硫对芝麻是有利的。但大气中含硫如超过了芝麻可利用的量,就会对芝麻造成伤害。

(1)伤害症状 芝麻受二氧化硫伤害后的主要症状为:①叶背面出现暗绿色水渍斑,叶失去原有的光泽,常伴有水渗出;②叶片萎蔫;③有明显失绿斑,呈灰绿色;④失水干枯,出现坏死斑。

(2)伤害机制 二氧化硫通过气孔进入叶内,溶化于细胞壁的水分中,成为重亚硫酸离子和亚硫酸离子,并产生氢离子,这三种离子会伤害细胞。

1)直接伤害 氢离子降低细胞 pH 值,干扰代谢过程;亚硫酸离子、重亚硫酸离子直接破坏蛋白质的结构,使酶失活。低浓度、短时间二氧化硫引起的光合障碍是可逆的,如浓度高、暴露时间长则恢复慢,甚至无法复原。

2)间接伤害 在光下由硫化合物诱发产生的活性氧会伤害细胞,破坏膜的结构和功能,积累乙烷、丙二醛、过氧化氢等物质,其影响比直接影响更大。在这种情况下,即使外观形态还无伤害症状也会使物质积累减少,促使器官早衰,产量下降。

2. 氟化物 氟化物有氟化氢(HF)、氟气(F_2)、四氟化硅(SiF_4)、硅氟酸(H_2SiF_6)等,其中排放量最大、毒性最强的是 HF。当 HF 的浓度为1～5 微克/升时,较长时期接触可使芝麻受害。

(1)伤害症状 芝麻受到氟化物危害时,叶尖、叶缘出现伤斑,受害叶组织与正常叶组织之间常形成明显界限(有时呈红棕色)。表皮细胞明显皱缩,干瘪,气孔变形。未成熟叶片更易受害,枝梢常枯死,严重时叶片失绿、脱落。

(2)伤害机制

1)干扰代谢,抑制酶活性 氟能与酶蛋白中的金属离子或钙离子(Ca^{2+})、镁离子(Mg^{2+})等离子形成络合物,使其失去活性。氟是一些酶(如烯醇酶、琥珀酸脱氢酶、酸性磷酸酯酶等)的抑制剂。

2)影响气孔运动 极低浓度 HF 会使气孔扩散阻力增大,孔口变狭,影响水分平衡。

3)降低光合速率 氟可使叶绿素合成受阻,叶绿体被破坏。

3. 臭氧(O_3)

(1)伤害症状 臭氧为强氧化剂,当大气中臭氧浓度为 0.1 毫克/升,且延续 2～3 小时,芝麻就会出现伤害症状。通常出现于成熟叶片上,伤斑零星分布于全叶,可表现出如下几种类型:①呈红棕、紫红或褐色;②叶表面变白,严重时扩展到叶背;③叶片两面坏死,呈白色或橘红色;④褪绿,有黄斑。随后逐渐出现叶卷曲,叶缘和叶尖干枯而脱落。

（2）伤害机制

1）破坏质膜　臭氧能氧化质膜的组成成分，如蛋白质和不饱和脂肪酸，增加细胞内物质外渗。

2）影响氧化还原过程　由于臭氧氧化-SH 基为-S-S-键，破坏以-SH 基为活性基的酶（如多种脱氢酶）结构，导致细胞内正常的氧化－还原过程受扰，影响各种代谢活动。

3）阻止光合进程　臭氧破坏叶绿素合成，降低叶绿素水平，导致光合速率和作物产量下降。

4）改变呼吸途径　臭氧抑制氧化磷酸化水平，同时抑制糖酵解，促进戊糖磷酸途径。

因为臭氧的极性和亲水性物质，它不能够渗透到皮层中，仅能微弱的侵入质体膜中。由于气孔的关闭，臭氧进入质膜空隙可以消失。因而，臭氧的破坏发生最初结果是质膜脂体的过氧化反应和刺激 ROS 产物。臭氧可以激活芝麻体细胞内的抗氧化防御机制。抗氧化防御机制是否有效取决于臭氧的浓度、芝麻植株忍耐能力、植株生育时期和基因型。

4. 氮氧化物　包括二氧化氮、一氧化氮和硝酸雾，以二氧化氮为主。少量的二氧化氮被叶片吸收后可被芝麻利用，但当空气中二氧化氮浓度达到2 ~ 3 毫克/升时，芝麻即受伤害。

（1）伤害症状　叶片上初始形成不规则水渍斑，然后扩展到全叶，并产生不规则白色、黄褐色小斑点。严重时叶片失绿、褪色进而坏死。在黑暗或弱光下芝麻更易受害。

（2）伤害机制

1）对细胞的直接伤害　二氧化氮抑制酶活力，影响膜的结构，导致膜透性增大，降低还原能力。

2）产生活性氧的间接伤害　可引起膜脂过氧化作用，产生大量活性氧自由基，对叶绿体膜造成伤害，叶片褪色，光合速率下降。

二、工业废气的防治

（一）加强监管，减少污染源

环保部门责令排放废气的企业要严格按照国家有关规定排放废气，凡超标排放工业废气的，环保部门要严厉惩罚企业，并通过法律手段追究企业违法排污的法律责任，经农业部门进行损失评估，企业对附近农户的农作物所造成的损失给予相应的补偿。

（二）人为控制措施

根据农作物受空气污染危害的规律，芝麻受害时间集中在每年的6 ~ 7 月，9 ~ 10 月的低气压、阴雨天，因而建议排污企业看到无风、阴雨、烟直冒，气压很低的情况下，采取封炉等措施控制废气排放量，晴天气压较高时再开炉。

（三）秸秆还田

秸秆焚烧造成严重的大气污染，危害人体健康。焚烧秸秆时，大气中二氧化硫、二氧化氮、可吸入颗粒物 3 项污染指数达到高峰值，其中二氧化硫的浓度比平时高出 1 倍，二氧化氮、可吸入颗粒物的浓度比平时高出3倍。秸秆还田不仅可以减少二氧化硫、二氧化氮等废气的产生,而且是有效培肥地力的增产措施,在杜绝了秸秆焚烧所造成的大气污染的同时,还具有增肥、增产作用。但若方法不当,也会导致土壤病菌增加,作物病害加重及缺苗(僵苗)等不良现象。

(四)培育健壮芝麻植株

健壮的芝麻植株对于工业废气的抵御能力较强,在生产中应培育健壮植株,以抵御废气侵袭,降低芝麻生产损失。

第三节
工业废水对芝麻的危害及防救策略

一、工业废水的发生及危害

工业废水包括生产废水和生产污水,指工艺生产过程中排出的废水和废液,其中含有随水流失的工业生产用料、中间产物、副产品以及生产过程中产生的污染物,是造成环境污染,特别是水污染的重要原因。工业废水的处理虽然早在19世纪末已经开始,但由于许多工业废水成分复杂,性质多变,仍有一些技术问题没有完全解决。

(一)工业废水的基本分类

图7 工业废水

☞ 按受污染程度不同,工业废水可分为生产废水及生活污水两类(图6)。生产废水是指在使用过程中受到轻度污染或温度增高的水(如设备冷却水);生活污水是指在生活使用过程中受到严重污染的水,大多具有严重的危害性。

☞ 按工业废水中所含主要污染物的化学性质,可分为含无机污染物为主的无机废水、含有机污染物为主的有机废水、兼含有机物和无机物的混合废水、重金属废水、含放射性物质的废水和仅受热污染的冷却水。例如电镀废水和矿物加工过程的废水是无机废水,

131

食品或石油加工过程的废水是有机废水。

☞ 按工业企业的产品和加工对象，可分为造纸废水、纺织废水、制革废水、农药废水、冶金废水、炼油废水等。

☞ 按废水中所含污染物的主要成分，可分为酸性废水、碱性废水、含酚废水、含铬废水、含有机磷废水和放射性废水等。

（二）工业废水的危害

工业废水造成的污染主要包括有机需氧物质污染、化学毒物污染、无机固体悬浮物污染、重金属污染、酸污染、碱污染、植物营养物质污染、热污染、病原体污染等。工业废水对环境的破坏是相当大的，20 世纪的"八大公害事件"中的"水俣事件"和"富山事件"就是由于工业废水污染造成的。

2012 年，龙江镉污染、镇江苯污染等突发性水污染事件接连发生，让中国饮水安全屡次面临水污染的严峻挑战。这些污染的源头均为工业生产污染企业的违规排放。2012 年中国监察部统计显示，中国水污染事故近几年每年都在 1 700 起以上，中国水安全面临水污染的严峻挑战。

水体污染物种类繁多，包括各种金属污染物、有机污染物等。比如各种重金属、盐类、洗涤剂、酚类化合物、氰化物、有机酸、含氮化合物、油脂、漂白粉、染料等。

还有一些含病菌的污水也会污染植物，比如城市下水道的污水等，这些还会对食用者造成危害。

土壤污染主要来自水体和大气。以污水灌溉农田，有毒物质会沉积于土壤；大气污染物受重力作用随雨、雪落于地表渗入土壤内，这些途径都可造成土壤污染；施用某些残留量较高的化学农药，也会污染土壤，例如，六六六农药在土壤里分解 95% 要 6 年半之久。

污染水质中的各种金属，如汞、铬、铅、铝、硒、铜、锌、镍等，其中有些是芝麻必需的微量元素，但在水中含量太高，会对植株造成严重危害，主要因为这些重金属元素可抑制酶的活性，或与蛋白质结合，破坏质膜的选择透性，阻碍植株体内的正常代谢。

水中酚类化合物含量超过 50 微克/升时，就会使芝麻生长受抑制，叶色变黄。当含量再增高，叶片会失水，内卷，根系变褐，逐渐腐烂。

氰化物浓度过高对植株呼吸有强烈的抑制作用，使芝麻的生长和产量均受影响。

其他如甲醛、三氯乙醛、洗涤剂、石油等污染物对芝麻的生长发育也都有不良影响。

酸雨或酸雾也会对芝麻植株造成非常严重的伤害。因为酸雨、酸雾的 pH 很低，当酸性雨水或雾、露附着于芝麻叶面时，它们会随雨点的蒸发而浓缩，从而导致 pH 下降，最初损坏叶表皮，进而进入栅栏组织和海绵组织，形成细小的坏死斑（直径 0.25 毫米左右）。由于酸雨的侵蚀，在叶表面会生成一个个凹陷的小洼，以后所降的酸雨容易沉积在此，随着降雨次数的增加，进入叶肉的酸雨越积越多，它们会引起原生质分离，且被害部分徐徐扩大。叶片受害程度与 H^+ 浓度和接触酸雨时间有关，另外温度、湿度、风速、叶表面的润湿程度等都将影响酸雨在叶上的滞留时间。

酸雾的 pH 值有时可达 2.0，酸雾中各种离子浓度比酸雨高 10～100 倍，雾滴的粒子直径约 20 微米，雾对叶片作用的时间长，而且对叶的上下两面都可同时产生影响，因此酸雾对植物的危害更大。

花瓣比叶片容易受酸雨、酸雾危害,一定程度的酸雨可以使芝麻花发生脱色斑,这是由于 H$^+$ 容易浸湿花瓣细胞,破坏膜透性,细胞坏死,花青素等色素从细胞内溶出所致。酸雨对芝麻的危害可归纳为表 13。

表 13　酸雨对芝麻的影响

序号	酸雨的影响	造成的后果
1	芝麻从酸雨中吸收硫酸盐和硝酸盐	产生叶片施肥效益
2	加强芝麻中营养淋失	导致营养缺乏
3	侵蚀叶片角质层	增加水分丧失和营养淋失,易受病虫危害
4	破坏气孔的保卫细胞,使气孔机制失灵	加强蒸腾作用,增加对干旱的敏感性,减少二氧化碳吸收,影响光合作用
5	干扰生殖过程,影响花粉萌发	减少蒴果和种子形成,降低种子生活力
6	改变细胞膜透性	降低代谢速率
7	使细胞中成分中毒或杀死细胞	产生可见伤害症状,抑制或延缓生长,降低生产力
8	改变叶片表面的化学性质	改变叶际微生物区系,改变芝麻对病原体的敏感性
9	与其他环境胁迫相互作用	增加大气污染物或极端环境条件对芝麻的危害
10	使根的溢泌发生变化	根际微生物种群发生变化

二、工业废水的防治

在芝麻生产环节中,对工业废液的防治有四个关键防治点十分重要,分别为种植基地的环境,水质和水源,农药、化肥等化学投入品,种植环节生产。

(一)种植基地的环境
种植基地的选择和控制防治应该注意以下方面:

1. 预防措施　进行土壤分析;实施污染监测计划。

2. 关键限值　土质及水质指标;土壤控制因子。

3. 监控措施　基地及其周围土壤的分析;水质分析;污染源的调查。

4. 纠正措施　重新选择地块,远离污染的基地。

5. 对种植地的选址必须认真进行　农田灌溉水如果受到工业废水的污染,会引起镉、铬、铅等重金属在农田中过度积累,对芝麻生长产生影响,造成人体内积累,引起畸形、致癌;废水的不合理灌溉也会引起土壤理化性质的变化,导致土壤污染。若土壤受到污染,芝麻的生长发育和产量品质也将受到污染,危及人体健康。土壤的污染主要来源于工业"三废"和城市生活"三废"以及肥料、农药和生物污染。如果农田与工矿区相连,化学物质必然会进入种植地,引起对植株的化学污染。

6. 防治策略　建立适合芝麻种植的土质标准,进行土壤中重金属及其他化学污染物的分析。要做好这方面的控制,就要严格选择生产基地,要求基地周围没有工业废水的污染源。生产用水不得含有污染物,特别是不能含有重金属元素和有毒有害物质及剧毒农药残留。水源的选择和水质的处理都是种植地监控的重点,工业、居住区的废水排放,都可能带来过量的重金属、农药、病毒、细菌等,为此,农产品种植地要远离工业及居住区,以避免水源受到污染。种植地的水质应该满足农业用水标准,要水质清新,不能含有过量对人体有害的重金属及化学物质,种植地周围土壤中的重金属含量指标不超标。在日常的管理中,应定期对水质进行测定。通过水质分析和对污染指标的监测,从而测出污染物的组成、变化及迁移的情况。以上监控都要建立纠偏和验证程序,并保存记录。国家已颁布了 GB 15618—1995 土壤环境质量执行二级标准、GB 3838—2002 地表水环境质量标准等,这些标准均可作为检测、评价是否符合农产品种植环境条件要求的依据。

（二）水质和水源

1. 危害　水中的化学污染物。

2. 预防措施　选择符合标准的水质和水源。

3. 关键限值　水源水质和基地水质应符合国家标准或国际标准。

4. 监控措施　实验室分析水源水质是否被农药、重金属污染。

5. 纠正措施　选择新的水源;重新选择种植基地;进行水质处理;改造农田。

6. 防治策略　国家已颁布了 GB 5084—2005 农田灌溉水质标准、GB 3838—2002 地表水环境质量标准等,这些标准均可作为检测、评价水质是否符合农产品种植环境条件要求的依据。

（三）农药、化肥等化学投入品供应

1. 危害　化学污染及农药的滥用。

2. 预防措施　从正规厂家进购农药,要保证三证齐全;按照国家规定和使用说明用药。

3. 关键限值　符合国家颁布的标准或国际标准;遵照生产厂家的说明。

4. 监控措施　对供应商的质量验证;实验室分析试验;用药量进行监控;观察分析降解周期。

5. 纠正措施　杜绝不合格的农药;延长用药间隔时间。

6. 防治策略　制定国家用药安全标准,包括标准中安全项目及安全限量的确定;建立分析实验室及系统完善的分析技术,如有害金属、有害化合物、药物残留等分析技术。农药、化肥使用上的控制。在芝麻种植过程中,田间管理、病虫害防治方面,农药和化肥使用是重点控制环节。由于芝麻植株的安全性直接影响到芝麻产品的安全性,所以,每个种植地都应建立农药使用监管记录保持程序。从源头上控制高毒农药残留对人类及生态环境的危害。合理运用化学防治手段,在病虫害防治中,应选用高效、低毒、低残留的化学农药;禁止使用剧毒、高毒、高残留农药;推荐使用生物农药。在做好病虫害预测预报和正确诊断的基础上,适时对症用药防治。坚持按农药使用说明要求的剂量施药,注意多种药剂交替使用,克服长期使用单一药剂、盲目加大施用剂量和将同类药剂混合使用的倾向。应严格按照农药使用说明要求的安全使用间隔期用药,并严格按照安全间隔期采收产品。

在农药使用方面,国家颁布了农药安全使用标准、农药残留检测等国家标准。据此,有许多属于限量使用或者禁止使用。但目前市场上销售的农药种类繁多,有许多是没标明药物成分和含量的,很容易造成药物的非法使用,种植者在购买农药时一定要选择有药物成分和含量及生产批号的药物。避免选用高毒、高残留的农药,多选用中草药或生物制剂等高效低残留药物。在芝麻种植基地中要有专门的场所用来贮存农药,并要做到干燥、通风,不能被阳光直晒。

实施种植基地环境控制、水质和土质安全、栽培管理等规范操作,进而建立以农药、化肥喷施、田间作业等为主要内容的关键控制点,设置施用农药及化肥种类、用药量、施肥量、用药时间、施肥时间、收获时间等关键限值,制订相应的危害分析、预防措施及控制手段和验证程序,并要有完整的记录。

(四) 种植环节生产

种植环节生产包括芝麻品种的选择和种植。

1. 危害　化学品残留;农药残留;病原菌。

2. 预防措施　科学地选择良种或原种;对外来种植品种进行检疫;种子种植前消毒(无病无伤);科学合理地使用药物;调节水质防止土壤污染。

3. 关键限值　国家标准和技术操作规程或国际上的规定。

4. 监控措施　对品种的来源、种植用水、农药及其使用进行监督;监测处理的时间及条件;检测、观察降解周期。

5. 纠正措施　调整种植品种及其来源;误用农药后可转移。

6. 防治策略　建立适合芝麻种植的土质标准,进行土壤中重金属及其他化学污染物的分析。建立和完善芝麻种植生产技术规程,制定芝麻产品中各种残留的最大残留限量国家标准。主要包括农药残留(有机氯类、有机磷类、氨基甲酸酯类、拟除虫菊酯类等)、重金属残留、其他化学物残留等;建立芝麻产品品质及残留分析实验室。建立、完善并规范对以上各种残留项目的分析测定技术。